万物互联 NB-IoT 关键技术与应用实践

郭 宝 张 阳 顾 安 刘 毅 等编著

机械工业出版社

本书从无线网络优化工程师的角度出发，阐述了窄带物联网（Nanow Band of Things，NB-IoT）的关键技术以及在现网应用的成熟案例。学习本书需要读者初步掌握 LTE（Long Term Evolution，长期演进）系统技术与标准理论知识，对 LTE 网络架构、各接口协议及业务信令流程有初步的了解，对 LTE 移动性、寻呼、不连续接收等参数有一定的了解。

本书主要读者对象为从事物联网技术研究与产品开发的人员、网络规划设计工程师、网络优化工程师、系统运营管理人员，移动互联网分析工程师、大数据研发人员、客户感知分析人员、咨询公司行业分析师以及高等院校通信专业的师生。

图书在版编目（CIP）数据

万物互联 NB-IoT 关键技术与应用实践 / 郭宝等编著. —北京：机械工业出版社，2017.5（2017.11重印）
ISBN 978-7-111-56996-1

Ⅰ. ①万…　Ⅱ. ①郭…　Ⅲ. ①互联网络－应用②智能技术－应用
Ⅳ. ①TP393.4②TP18

中国版本图书馆 CIP 数据核字（2017）第 102232 号

机械工业出版社（北京市百万庄大街 22 号　邮政编码 100037）
策划编辑：李馨馨　　责任编辑：李馨馨
责任校对：张艳霞　　责任印制：李　昂
北京宝昌彩色印刷有限公司印刷
2017 年 11 月第 1 版·第 2 次印刷
184mm×260mm·10.5 印张·245 千字
2501—5000 册
标准书号：ISBN 978-7-111-56996-1
定价：45.00 元

前 言

伴随大规模物联网需求的产生及移动通信技术的不断发展，通信领域的连接需求正在从人扩展到物。根据相关预测，至 2020 年，中国物联网连接数量将达百亿，其总体市场规模可超过 1 万亿人民币。此外，物联网应用领域也逐渐明晰，从个人穿戴设备到智能家居市场，从智慧城市到物流管理等。物联网的出现将实现这些行业的数字化升级及全流程的信息监控与采集，从而引发整个社会的革命性变化。

本书从窄带物联网的发展历程入手，系统地阐述了窄带物联网的物理层的上下行物理信道；结合 LTE 网络技术展开 NB-IoT 覆盖增强、低成本、低功耗、大连接等关键技术的分析；介绍 NB-IoT 网络结构与移动性管理的技术细节；通过窄带物联网网络规划中的链路预算、性能测算等具体工作，展开 NB-IoT 频率规划以及 2G 退频的承载能力分析；最后结合现网已实施的成熟案例演示窄带物联网的实施效果。

本书主要由郭宝、张阳、顾安、刘毅编写，参加本书编写和校对工作的同志还有徐晓东、李秋香、沈骜、沈金虎、刘极祥、何珂、石建、吕芳迪、王明君、刘波、李武强、仇勇、张建奎、王国治、徐林忠、刘少聪、刘大洋、秦焱、周徐、王晓琦、陈向前、孙磊、卞恒坤、陈平、白彪玉、李超超、徐建林等。此外，中兴通讯的陈波、弥岳峰对本书的出版也给予了大力支持。

由于窄带物联网系统刚开始建设优化，实践经验相对不足，各种优化算法及优化经验尚在摸索整理中，书中难免存在不妥之处，请读者原谅，并提出宝贵意见。意见及建议请发送至：sunailk@139.com。

自序

preface

　　通信技术这个领域博大精深，没有绝对的无所不知的权威，从事这个行业的专家都在各自感兴趣的领域不断研究学习，各执牛耳。从这个角度来说，通信更像一种特殊的语言，在这个行业的工程师，学者们通过这样一种特殊的语言获得认同，沟通交流，奠造友谊。同时，通信也更像一门哲学，工程师们通过这样一种特殊的修行提升对世界规律本身的认知，同时不断修炼自身的性格。通信专业一般归类在工程专业，而不划分为自然科学，我们一般也更愿意被称作工程师，而不是科学家。可以说这两者还是有区别的，如果引入数学中极限的概念，那么可以说工程师是以一种务实的工作精神不断接近科学家的理论研究极限，工程师更加侧重于应用与实践，而为了更好地开发一款好的产品、好的软件，又往往不得不去一次次地尝试离地跃起去触碰思想灵魂的内核、科学中那些原创的理论与算法。一个优秀的通信工程师既需要理性与缜密的逻辑思维，同时也需要天马行空的创新与想象。我们正是想尝试为工程师写这样一本书：站在工程师的角度，不仅对于技术框架的现行规则与标准用比较质朴的语言进行阐述，同时更尝试追问思考技术设计的原创智慧。让通信技术与理论走下神坛，还原技术本身应该为人服务的宗旨，感受通信技术带来的无穷魅力。

　　物联网技术是下一个十年中最火热的通信技术研究领域之一，对于这样的新技术，新标准，我们也在不断地学习与研究，通过我们

的理解，将它进行消化与分享。尽管通信技术标准是刻板的，但是其蕴含的智慧是有温度的，然而面对集合全人类精英智慧结晶的物联网技术，个人的理解难免会存在片面或者局限，敬请广大读者批评指正，不吝赐教，促进我们对于物联网相关技术理解与认知的不断深刻。我们也会秉持初心，坚持写有温度的技术书，与广大读者共同分享与成长。

目录

Contents

　　任何事物的发生都不是完全偶然的，任何技术的出现也都不会是独占鳌头，一枝独秀。对于 NB-IoT 这一新技术的理解一上来就一猛子扎入繁杂的细节海洋中，有时往往通读过后仍是一脸懵圈。此时不妨站在岸边，沏一壶飘香的好茶，顺着时光的浪花，捋一捋新技术出现的前因后果，把一把整体物联网技术的脉络，也许能够有"落木千山天远大，澄江一道月分明"的豁然之感。

第1章

NB-IoT 发展历程

1.1　物联网技术分类

1.1.1　物联网无线通信技术

国家"十三五"规划纲要中指出，要牢牢把握信息技术变革趋势，实施网络强国战略，加快建设数字中国，推动信息技术与经济社会发展深度融合，加快推动信息经济发展壮大。加快构建高速、移动、安全、泛在的新一代信息基础设施，推进信息网络技术广泛运用，形成万物互联、人机交互、天地一体的网络空间。

物联网（Internet of Thing，IoT）的概念在 1999 年美国麻省理工学院首次被提出，初期的物联网是指"物—物相连的互联网"，在万物互联时代，IoT 的概念早已突破物—物相连，人与物、物与物、人—识别管理设备—物之间的连接方式统称为万物互联。

伴随大规模物联网需求的产生及移动通信技术的不断发展，通信领域的连接需求正在从人扩展到物。根据相关预测，至 2020 年，中国物联网连接将达百亿，其产业链市场空间可达 1 万亿人民币。此外，物联网应用领域也逐渐明晰。从个人穿戴设备到智能家居市场，从智慧城市到物流管理等，物联网的出现将实现这些行业的数字化升级及全流程的信息监控与采集，从而引发整个社会的革命性变化。

当前，物联网通信主要有三类技术方案。

第一类是采用非授权（Unlicensed）频谱的低功耗短距技术，包括 ZigBee、WiFi、蓝牙、Z-wave 等，技术特点是终端成本和功耗低，

覆盖距离从短距离到中等距离（10m～1km）。一般情况下，短距技术需要一个网关和无线接入点（Access Point，AP）来管理各类终端节点。网关和无线 AP 通过蜂窝网或者无线方式接入 Internet。由此，短距技术可以认为是两跳组网的技术，该类技术已经有良好的产业链支持，在智能家居、智能工厂等多个物联网领域有规模商用。

第二类是采用非授权（Unlicensed）的低功耗广域覆盖技术（Low Power Wide Area，LPWA），一般为私有技术方案，采用非授权频谱，如 ISM 频谱 868MHz 或者 2.4GHz 的公共频谱，特点是终端成本和功耗低，覆盖距离远（1～100km）。另一类是以 Sigfox 的 UNB（Ultra Narrow Band）技术和 Semtech 的 LoRa（Long Range）技术为典型代表的私有技术方案，还包括 On-Ramp、Ingenus 和 Iotera 等多家创新公司的方案。

第三类是采用授权（Licensed）频谱的低功耗广域覆盖技术，其特点是终端成本和功耗较低，覆盖距离远（1～100km），可支持可靠的、安全的通信服务，主要技术有：海量机器类通信（Enhanced Machine-Type Communications，eMTC）技术、扩展覆盖 GSM 技术（Extended Coverage-GSM，EC-GSM）、窄带物联网（Narrowband Internet of Things，NB-IoT）技术等。第三类技术产业发展稍滞后于前两类，但竞争优势很明显，其网络部署成本最低，部署最快；覆盖范围广，适用物联网的业务范围也最广，且无须考虑新建核心网等。

1.1.2　UNB、LoRa 技术发展历程

物联网的业务需求复杂多样，很难有一种技术能满足所有的需

求，如电力行业要求时延短、传输数据量大、数据高度敏感等；抄表行业要求深度覆盖，对业务时延也有一定的要求。从实际物联网发展情况来看，呈现出各种技术百花齐放的局面。

由于物联网具有巨大的市场空间，近年来发展非常迅速，两个典型的物联网领域新进入者代表有：Sigfox 公司和 Semtech 公司。

Sigfox 公司总部位于法国南部的图卢兹，2009 年成立，由 Intel 公司投资 1000 万美元，用于开发并建设自己的物联网网络。2015 年 2 月，Sigfox 公司获得了 Telefonica、NTT DoCoMo、SKT 等运营商的 1 亿欧元投资，用于建设专门的低成本低功耗物联网网络。Sigfox 公司已在法国、西班牙、英国、荷兰、美国等多个国家建立专用网络，并开展物联网运营，与运营商抢夺 IoT 市场。在 2015 年巴塞罗那通信展上，Sigfox 公司展示了众多的芯片/系统集成等合作伙伴的创新应用，发展势头非常迅猛。

Semtech 公司总部位于美国加州，是一家专注于模拟以及数模混合的半导体设计上市公司。其开发了基于扩频技术的 LoRa 技术，并在 2015 年 3 月巴塞罗那通信展上组建了 LoRa 联盟，全力推动低成本低功耗物联网的发展。Semtech 公司使用免费的 Unlicenced 频谱，终端成本和功耗极低（芯片成本小于 1 美元），借助 LoRa 联盟建立起来的生态联盟，Semtech 公司及其合作伙伴能够提供完整的端到端解决方案。因此，有众多的小公司使用 LoRa 技术，建设自己的局域 LoRa 网络，并开展运营。例如，国内就有公司正在开发基于 LoRa 的智能抄表系统，并且在某些小区自己部署网络，开展智能抄表运营。Semtech 也面向运营商提供解决方案，有多个运营商加入了 LoRa 联盟，如

Swisscom、KPN、SingTel、Proximus、Bouygues Telecom 和 SKT 等。

虽然 Sigfox 和 Semtech 公司都同时向运营商提供网络设备或者端到端的解决方案等服务，但是其与运营商之间的主要关系还是竞争。Sigfox 公司的主要商业模式在于自己建网自己运维，与运营商直接争夺客户。Semtech 公司的很大一部分市场是中小企业市场自建网络，实际上是进一步碎片化了 IoT 市场空间。总体而言，基于 Unlicensed 频谱的技术，由于干扰不可管、不可控，并不适合运营商来做连续广域及深度覆盖。

为了应对 Sigfox 公司和 Semtech 公司等新进入者的竞争，运营商需要尽快部署 IoT 网络。在运营商的需求牵引下，华为等蜂窝阵营厂商发力加速产业进程，使得 eMTC、EC-GSM 和 NB-IoT 等 LPWA 技术纷纷在 3GPP R13 完成标准化。GSMA 也在 2015 年 9 月发起了 Mobile IoT Initiative 项目，主要目的是推动 3GPP LPWA 技术尽快商用。

1.1.3 LTE-M、EC-GSM 和 NB-IoT 演进

3GPP 低功耗广域技术主要有三种：LTE-M、EC-GSM 和 NB-IoT，分别基于 LTE 演进、GSM 演进和一种新的 Clean Slate 技术（类似于打扫干净屋子再请客的做法）。

1．LTE-M

LTE-M（LTE-Machine-to-Machine）是基于 LTE 演进的物联网技术，3GPP R12 版本中命名为 Low-Cost MTC，在 R13 中被称为 LTE enhanced MTC (eMTC)，其目标是基于现有的 LTE 载波满足物联网设备需求。

2．EC-GSM

EC-GSM，即扩展覆盖 GSM 技术。随着各种 LPWA 技术的兴起，传统 GPRS（General Packet Radio Service，通用分组无线服务）技术应用于物联网的劣势凸显。2014 年 3 月，3GPP GERAN 会议提出将窄带物联网技术迁移到 GSM 上，寻求比传统 GPRS 高 20dB 的更广的覆盖范围，并提出了五大目标：提升室内覆盖性能、支持大规模设备连接、减小设备复杂性和减小功耗和时延。

3．NB-IoT

2015 年 8 月，3GPP RAN 开始立项研究窄带无线接入全新的空口技术，称为 Clean Slate CIoT，这一 Clean Slate 方案覆盖了 NB-CIoT。

NB-CIoT 是由华为、高通和 Neul 联合提出的；NB-LTE 是由爱立信、诺基亚等厂家提出的。

NB-CIoT 提出了全新的空口技术，相对来说在现有 LTE 网络上改动较大，但 NB-CIoT 是提出的六大 Clean Slate 技术中，唯一一个满足在 TSG GERAN #67 会议中提出的五大目标（提升室内覆盖性能、支持大规模设备连接、减小设备复杂性和减小功耗和时延）的蜂窝物联网技术，特别是 NB-CIoT 的通信模块成本低于 GSM 模块和 NB-LTE 模块。

NB-LTE 更倾向于与现有 LTE 兼容，其主要优势是容易部署。

NB-IoT 可认为是 NB-CIoT 和 NB-LTE 的融合，是针对物联网特性进行的全新设计。

1.2 物联网技术特征

1.2.1 非授权频谱物联网技术

基于非授权（Unlicensed）频谱的 IoT 技术以 UNB 和 LoRa 为代表，下面重点介绍这两类 IoT 技术。

1. UNB 技术

UNB（超窄带）是法国 Sigfox 公司提出的技术，使用非授权频谱，在欧洲为 868MHz，在美国为 902MHz。UNB 设计的链路预算增益高于 GSM 网络，可降低基站部署密度，从而降低初期网络部署成本；也可以用来提升网络的室内覆盖率。UNB 由于需要自建网络，其相对于 GSM 网络的链路预算增益主要用于降低网络部署成本。

（1）UNB 技术特点

UNB 采用频分多址（Frequency Division Multiple Access，FDMA）技术，子信道带宽在欧洲为 100Hz，在美国为 600Hz，支持上下行双向通信，通信总是由终端发起。UNB 为非调度系统，终端自主发送信号，为了避免各个终端之间碰撞，终端采取重复发射 3 次的办法提升信号发送成功率。终端在预设的频段上随机选择 3 个子信道，盲发 3 次；随后终端扫描预先设定的频段，接收下行数据，如果收到下行数据，就进行处理，如果没有收到，15s 后进入睡眠状态。

（2）UNB 技术优势

UNB 技术优势体现在终端成本低、功耗低、链路预算覆盖性能优。

UNB 终端芯片的低成本主要来自于 Sigfox 的技术创新：终端芯片公司不需要专门为 UNB 制作芯片，使用现有遥控器或者短距传输的芯片硬件，在此基础上更新软件即可。这样一方面降低了终端芯片的研发费用，另一方面也降低了终端芯片的门槛，这两点都非常有利于终端实现极低的成本。

（3）UNB 技术局限

UNB 技术局限也非常明显，主要包括：终端通信能力有限、通信质量无法得到保障、空口不安全、网络需自建、下行传输能力有限且无法支持软件升级更新。UNB 终端通信能力受限主要来自于非授权频谱。欧洲的管理法规要求 868MHz 频谱每个终端的发射占空比必须小于 1%。每次数据传输将会持续 6s 左右，那么每小时可以发送最多 6 条消息，每天可最多发送 144 条消息。此外，由于非授权频谱不受管制，相互间的干扰导致通信质量无法得到有效保障，通信可靠性也无法得到保障。由于空口技术极为简单，无法采用有效的加密认证，存在数据被伪基站窃听并破解的风险。还有，由于 UNB 需要自建网络，初期站点稀少，无法做到室内的覆盖效果。最后，UNB 终端芯片极低功耗主要是在给定的业务能力情况下达到的，如果每天通信量极少（例如每天发送 1 条消息），可以在 2500mAh 的锂电池基础上达到 10 年电池寿命，但如果每天发送 140 条消息，电池寿命仅为 2 个月左右。

2．LoRa 技术

LoRa 是美国 Semtech 公司推出的一种物联网技术，LoRa 支持上、下行双向传输，通信速率可变，从 18bit/s 到几百 kbit/s。

（1）LoRa 技术特点

LoRa 采用 FDMA 多址方式，信道带宽从 7.8kHz 到 500kHz 可配置。LoRa 支持两种调制方式，一种是频移键控（Frequency-shift keying，FSK），相对高数据速率（100kbit/s）；另一种是 LoRaTM，采用扩频技术，应对扩展覆盖场景，扩频因子 SF=6～12，对应 64～4096 倍扩频。当扩频因子 SF=12，带宽为 7.8kHz 时，最大耦合损耗（Maximum Coupling Loss，MCL）可达 168dB，此时物理层速率只有 18bit/s；如果扩频因子依然为 12，但带宽扩展到 125kHz（LoRa 信道）时，MCL 可达到 156dB，对应的物理层速率为 293bit/s。

LoRa 定义的终端采用一种 ALOHA[⊖]的机制来随机发送数据，根据是否收到应答来检测干扰，而不是采用先听后发（Listen Before Talk）方式来进行干扰避免。LoRa 标准支持 Class A、Class B、Class C 三类终端。

Class A 面向长电池寿命的应用设计，只支持终端主动发起数据传输，数据传输完成后，等待 2 个接收周期进入睡眠状态，直到下一次醒来主动发起数据传输。

Class B 终端会通过网关的信标（Beacon）进行同步，选择并定期侦听部分接收窗口（Ping Slot），网络服务器和终端都知道这些接收窗口的时间。

Class C 终端有更多的连续接收窗机会，类似于蜂窝系统中空闲态的不连续接收（Discontinuous Reception，DRX），在这些接收窗口等待系统的寻呼 Paging 消息。

⊖ ALOHA 是一种随机接触协议。

（2）LoRa 技术优势

LoRa 技术优势包括：终端成本低、终端功耗低、链路预算增益高，相比 UNB，LoRa 技术通信速率可变（从 18bit/s 到几百 kbit/s）。此外，LoRa 建网方式灵活，企业可以根据需求，在一定区域内自行搭建基站开展业务。

LoRa 终端芯片的低成本主要来自于其在数模混合芯片领域多年的积累，其推出的集成度非常高的超低成本芯片，将协议栈、基带、射频、内存、功放等全部集成在一起，芯片成本极低。类似于 UNB 技术，LoRa 终端芯片极低功耗主要是在给定的业务能力情况下达到的，在每天通信量极少的情况下，可以在 2500mAh 锂电池的基础上做到 10 年电池寿命；如果每天通信量增加，则电池寿命显著下降。

（3）LoRa 技术局限

类似于 UNB，LoRa 终端通信能力受限主要来自于非授权频谱，其使用不受管制，干扰无法有效规避，通信质量无法得到保障，可靠性、数据安全也面临较大风险。

此外，由于 Semtech 公司主要依靠本地的系统集成商提供完整的解决方案，因此端到端的系统定制增加了很大的成本开销。而系统集成市场分散，规模较小，系统集成技术能力有限，很大程度上导致 LoRa 系统的通信质量取决于集成商的技术能力。

1.2.2 授权频谱物联网技术

1. EC-GSM 技术

GPRS 网络覆盖范围大，但是由于不是专为物联网设计的，其终

端功能较高，发射功率大，需要大容量电池供电。此外，GPRS 无法做到 100%的室内网络覆盖率。EC-GSM 作为 GSM 向物联网演进的技术，重用了 GSM 物理层设计，与传统的 GSM 终端可以共载波部署。为物联网终端新增的部分信道映射到相应的时隙上，不影响传统 GSM 终端。

EC-GSM 技术优点是采用授权频谱，通信可靠、安全，可与 GSM 混合部署，无须额外的频谱资源。

EC-GSM 技术局限也非常明显，很多运营商已决定 GSM 退网，其产业链前景不明朗。GSM 终端发射功率为 33dBm，峰值功耗超过 4W，导致对电池的要求较高。虽然可以降低终端的发射功率到 23dBm，但是会影响覆盖效果。独立部署 EC-GSM 需要的最小组网频谱是 2.4MHz，运营商重新规划这段频谱的难度较大。

2．eMTC 技术

MTC（Machine Type Communication，机器类通信）是最早在 3GPP R12 版本中针对低成本而制定的技术，在 R13 中又提出了 eMTC（enhanced MTC）。

eMTC 采用授权频谱，主要的应用场景是 LTE 带内（Inband）部署，也可以采用单独 1.4MHz 频谱独立部署。eMTC 是在 LTE 基础上的演进，重用了 LTE 的 10ms 帧/1ms 子帧的帧结构，重用 LTE 同步信号、广播信号等。

eMTC 关键技术特征包括：15dB 覆盖增强、终端射频带宽 1.4MHz、峰值速率 1Mbit/s、上下行半双工、支持频分双工（Frequency Division

Duplex，FDD）与时分双工（Time Division Duplex，TDD）、最小调度带宽为 180kHz。

eMTC 技术优势为：采用授权频谱，通信质量可靠、安全，可在 LTE 带内部署，无须额外的频谱资源，其移动性支持较好。

eMTC 技术局限性表现在：终端成本及功耗竞争力较低；15dB 覆盖增强仍不能满足室内覆盖的要求；在 LTE 带内部署时，LTE 网络性能易受 eMTC 部署影响，eMTC 业务量越大或覆盖增强越大，对 LTE 网络影响越大；eMTC 设计规格峰值为 1Mbit/s，终端射频带宽为 1.4Mbit/s，与 3G 早期的版本较为接近；为了保持移动性，eMTC 终端继承了 LTE 协议栈的复杂度。以上特点最终导致了 eMTC 终端成本及功耗竞争力较低。

3．NB-IoT 技术

NB-IoT 是基于全新空口设计的物联网技术，是 3GPP 针对低功耗、广覆盖类业务而定义的新一代蜂窝物联网接入技术，最少可只使用 200kHz 授权频段，具有覆盖广、连接多、速率低、成本低、功耗少、架构优等特点。

NB-IoT 在物理层发送方式、网络结构、信令流程等方面做了简化，在覆盖上提出了在 GSM 基础上增强 20dB 的覆盖目标，即最大耦合路损（MCL）达到 164dB，主要通过提高功率谱密度、重复发送、低阶调制编制等方式实现。

　　高楼万丈平地起，物理层就是通信技术的地基，不同的通信技术可以说核心就是物理层技术的不同，因此，物理层技术是了解新的通信技术最关键和直接的桥梁。从另一个角度来说，物理层虽然是通信协议中的最底层，但是又是最难理解的硬骨头，我们可以尝试跳开硬骨头，捡"软柿子"先捏，当然，如果选择硬骨头先啃，更添英雄本色。

万物互联
NB-IoT关键技术
与应用实践

第 2 章

物　理　层

2.1　NB-IoT 物理层

NB-IoT 和 eMTC 是 3GPP 针对低功耗、广覆盖 LPWA 类业务而定义的新一代蜂窝物联网接入技术，主要面向低速率、低时延、超低成本、低功耗、广深覆盖和大连接需求的物联网业务。NB-IoT 和 eMTC 采用的技术手段有共性的地方：例如覆盖增强和低功耗技术。也有差异的地方：NB-IoT 在物理层发送方式、网络结构和信令流程等方面做了简化，而 eMTC 是 LTE 的增强功能，主要在物理层发送方式上做了简化和增强。

覆盖增强是 NB-IoT 和 eMTC 的重要特性，NB-IoT 提出了在 GSM 网络基础上增强 20dB 的覆盖目标，即最小耦合路损（MCL）要达到 164dB。主要通过提高功率谱密度、重复发送、低阶调制编制等方式实现；eMTC 的 MCL 目标是 155.7dB，即在 FDD LTE 基础上增强 15dB，在 TD-LTE 上增强 9dB 左右，由于 LTE 不同信道的覆盖能力有所差别，不同信道的增强量也会有所差别。

2.1.1　NB-IoT 物理层

NB-IoT 目前只在 FDD 有定义，终端为半双工方式。NB-IoT 上下行有效带宽为 180kHz，下行采用 OFDM，子载波带宽与 LTE 相同，为 15kHz；上行有两种传输方式：单载波传输（Singletone）和多载波传输（Multitone），其中 Singletone 的子载波带宽有 3.75kHz 和 15kHz 两种，Multitone 子载波间隔 15kHz，支持 3、6、12 个子载波的传输。

NB-IoT 支持 3 种不同的部署方式：独立部署（Standalone）、保护带部署（Guardband）和带内部署（Inband），如图 2-1 所示。

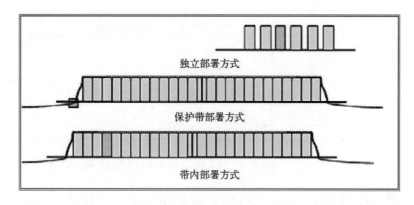

图 2-1　NB-IoT 部署方式

Standalone 部署在 LTE 带宽之外，Guardband 部署在 LTE 的保护带内，Inband 占 LTE 的 1 个 PRB（Physical Resource Block，物理资源块），需保证与 LTE 的 PRB 的正交性。Standalone 可独立设置发射功率，例如 20W，Guardband 和 Inband 的功率与 LTE 功率有关系，通过设置 NB-IoT 窄带参考信号（NarrowbandReferenceSignal，NRS）与LTE 公共参考信号（CommonReferenceSignal，CRS）的功率差，设定NB-IoT 的功率，目前协议定义可设置 NRS 比 CRS 最大高 9dB，实际情况需根据设备的发射能力而定。

NB-IoT 沿袭了 LTE Type1 帧结构，即频分双工 FDD 采用的帧结构，帧长为 10ms。Type1 帧结构 10ms 的无线帧（Radio Frame）分为10 个长度为 1ms 的子帧（Subframe），每个子帧由两个长度为 0.5ms的时隙（slot）组成，其编号为 0～19。一个子帧定义为两个相邻的时

隙，其中第 i 个子帧由第 $2i$ 个和第 $2i+1$ 个时隙构成。Type1 的帧结构格式如图 2-2 所示。

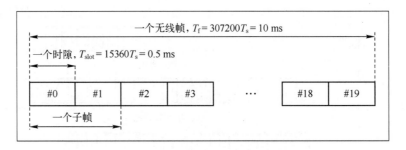

图 2-2　LTE Type1 帧结构格式

NB-IoT 子帧结构与 FDD LTE 的相同，引入了新的参考信号（NRS）和新的窄带主同步信号（Narrowband Primary Synchronization Signal，NPSS）以及窄带辅同步信号（Narrowband Secondary Synchronization Signal，NSSS），支持单端口和双端口两种发射模式。NB-IoT 定义的物理信道如表 2-1 所示。

表 2-1　NB-IoT 定义的物理信道

方向	物理信号/物理信道名称	作用
下行	NPBCH(Narrowband Physical Broadcast Channel，窄带物理广播信道)	广播系统消息
	NPDCCH（Narrowband Physical Downlink Control Channel，窄带物理下行控制信道）	上下行调度信息
	NPDSCH（Narrowband Physical Downlink Shared Channel，窄带物理下行共享信道）	下行数据发送、寻呼、随机接入响应等
上行	NPRACH（Narrowband Physical Random Access Channel，窄带物理随机接入信道）	随机接入
	NPUSCH（Narrowband Physical Uplink Shared Channel,窄带物理上行共享信道）	上行数据发送，上行控制信息发送

与 LTE 相比，NB-IoT 取消了 PCFICH、PHICH 和 PUCCH 信道，不支持 CSI 的上报，NB-IoT 下行未引入控制域的概念，NPDCCH 占

用资源方式与 NPDSCH 类似，NPUSCH 的 ACK/NACK 反馈信息在 NPDCCH 中指示，NPDSCH 的 ACK/NACK 反馈信息在 NPUSCH format 2 中反馈。

NB-IoT 以上行业务为主，需要重点关注 NPUSCH 信道的承载能力和覆盖能力。

2.1.2 NB-IoT 下行物理信道

1. NPBCH 信道

NPBCH 信道与 LTE 的 PBCH 不同，广播周期为 640ms，重复 8 次发送，如图 2-3 所示，终端接收若干个子帧信号进行解调。

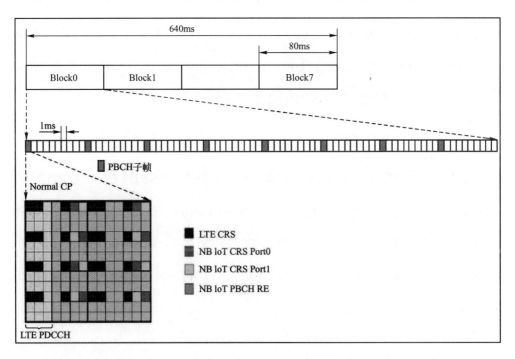

图 2-3 NPBCH 发送方式

NPBCH 以 64 个无线帧为循环，在 mod 64=0 的无线帧上的 0 号子帧进行传输，同样的内容在接下来连续的 7 个无线帧中的 0 号子帧进行重复传输，NPBCH 不可占用 0 号子帧的前三个 OFDM 符号，以避免与 LTE 大网的 CRS⊖以及物理控制信道的碰撞。根据 3GPP 36.211 R13 定义，一个小区的 NPBCH 需要传输 1600bit，采取 QPSK 调制，映射成 800 个调制符号，而每 8 个无线帧重复传输，64 个无线帧将这 800 个调制符号传完，意味着每 8 个无线帧重复传输 100 个调制符号，那么在这 8 个无线帧的每个 0 号子帧中需要传输这 100 个调制符号。这里进行一个简单的计算，一个 NB-IoT 子帧包含 12×7×2=168 个 RE，去掉前三个 OFDM 符号，去掉 NRS 占用的 RE，再去掉 CRS 占用的 RE（假设为双端口发射），那么一共有(12×14)-(12×3+4×4+4×4)=100 个 RE，恰好对应 100 个 QPSK 调制符号，因此每个无线帧上的 0 号子帧恰好装满了 NPBCH 的符号。

2．NPDCCH 信道

LTE 的 PDCCH 固定使用子帧前几个符号，NPDCCH 与 PDCCH 差别较大，使用的窄带控制信道资源（Narrowband Control Channel Element，NCCE）频域上占 6 个子载波。Standalone 和 Guardband 模式下，可使用所有 OFDM 符号；Inband 模式下，需错开 LTE 的控制符号位置，如图 2-4 所示。

⊖ CRS 是指小区特定参考信号（Cell-Speafic Reference Signal）。

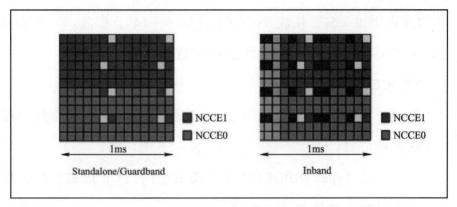

图 2-4　NPDCCH 资源格式

NPDCCH 最大重复次数可配，取值范围为 {1,2,4,8,16,32,64,128, 256,512,1024,2048}。

NPDCCH 有两种格式（Format），如图 2-5 所示。

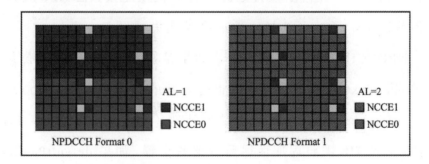

图 2-5　NPDCCH 信道格式

NPDCCH Format0 的聚合等级（Aggregation Level），AL=1，占用 NCCE0 或 NCCE1。

NPDCCH Format1 的聚合等级 AL=2，占用 NCCE0 和 NCCE1。

相比 LTE 下行较多的物理控制信道，NB-IoT 只有 NPDCCH 信道传递控制信息。窄带物理控制信道通过连续的一个或者聚合两个 NCCE 的方式进行传输。一个 NCCE 占据 6 个连续的子载波，其中

NCCE0 占据 0～5 子载波，NCCE1 占据 6～11 子载波。每个 NPDCCH 是以 R 个连续的 NB-IoT 下行子载波进行重复传输的。

NPDCCH 有三种搜索空间。

第一种是 Type1-NPDCCH 公共搜索空间，UE 通过检测该搜索空间获取寻呼消息。

第二种是 Type2-NPDCCH 公共搜索空间，UE 通过检测该搜索空间获取随机接入响应消息（RAR）。

第三种是 UE 专用 NPDCCH 搜索空间，UE 通过检测专属空间获取专属控制信息。

仅在聚合等级 AL=2 时，可以配置重复传输。在无 NPDCCH 重复传输的情况下，任何子帧可选择 3 种盲检候选集；在 NPDCCH 重复传输的情况下，子帧可选择 4 种盲检候选集。

NPDCCH 的起始子帧位置，如果是 Type1-NPDCCH 公共搜寻空间模式，以 k0 为起始位置，这也是寻呼的起始位置。寻呼消息是在寻呼帧（Paging Frame，PF）的寻呼时刻（Paging Occasion，PO）上发出的，因此 UE 需要周期性地监听这些位置。如果 defaultPagingCycle= rf256, nB=twoT,SFN mod T= (T divN)*(UE_ID mod N), i_s = floor (UE_ID/N) mod Ns,UE_ID=IMSI mod 4096(LTE UE_ID=IMSI mod 1024)。例如 IMSI 为 460003313889448，经过计算 UE_ID 为 168，那么 PF 为 mod 256=168 的无线帧，PO 为 0 号子帧，那么 UE 就需要侦听无线帧为 168，子帧 0 上是否有 P-RNTI，并且以 256 无线帧为周期循环侦听 P-RNTI。

UE 还需侦听连续的 R-1 个子载波，获得可靠的重复发送 NPDCCH，

R是根据Rmax和DCI子帧连续数共同决定的。UE如果没有把连续的Rmax通过获取小区系统消息块SystemInformationBlockType2-NB中的控制信息radioResourceConfigCommon中的参数npdcch-Num RepetitionPaging获取，该参数取值范围为{ r1, r2, r4, r8, r16, r32, r64, r128,r256, r512, r1024, r2048}。

假设Rmax取值为64，DCI子帧重复数取值为3，对应R取值为8，那么根据以上寻呼起始位置的计算，意味着UE需要周期侦听无线帧$168+256n(n=0,1,2,3\cdots)$，子帧0，同时连续重复8个子帧获取NPDCCH中的寻呼消息。这里DCI子帧连续数并不是高层消息告知UE的，UE采取盲检机制逐步尝试检测所有的DCI模式。如果没有检测到连续的控制信息，UE会将已检测到的NPDCCH丢弃。由此可见，NB-IoT对于控制信道的解码可靠性较高。

当然，在网络侧实际配置NPDCCH时需要与NPBCH的时隙错开，因此UE会尝试在非子帧0的其他子帧开始检测NPDCCH。NB-IoT也可以采取多载波的方式进行数据传输，网络侧需要将NPSS、NSSS、NPBCH与UE专属NPDCCH分别配置在不同的载波。NPDCCH在子帧中的起始位置lNPDCCHStart取决于SIB1-NB里的eutraControlRegionSize参数设置，对于Type2-NPDCCH和UE专属NPDCCH的起始位置确定方式与Type1有所不同。

3．NPDSCH信道

NPDSCH频域资源占12个子载波，如图2-6所示，Standalone和Guardband模式下，使用全部OFDM符号。Inband模式下需错开LTE

控制域的符号，由于 SIB1-NB 中指示控制域符号数，因此如果是 SIB1-NB 使用的 NPDSCH 子帧，则需固定错开前 3 个符号。

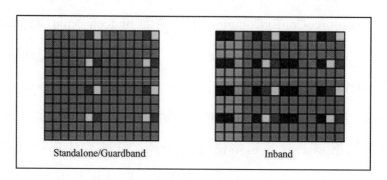

图 2-6　NPDSCH 资源格式

NPDSCH 调制方式为四相相移键控（Quadrature Phase Shift Keying，QPSK），重复次数为 {1,2,4,8,16,32,64,128,192,256,384,512,768,1024,1536,2048}。

NB-IoT 对于 NPDSCH 的传输稳定性极为关注，通过重复传递同一 NPDSCH 的方式确保传输的质量，这也是 NB-IoT 宣称的强化覆盖技术手段之一。NPDSCH 可以承载 BCCH，例如承载系统消息，也可以承载一般的用户数据传输。对应这两种承载，传输信号加扰的方式有所不同。同时，子帧重复传输的模式也有所不同。

承载 NPDSCH 的子帧以及占位有一定规则，NPDSCH 的子帧不可以与 NPBCH、NPSS 或者 NSSS 的子帧复用。另外，承载子帧中 NRS 和 CRS 的位置既不作为 NPDSCH，也不作为符号匹配。

在收到传输 NPDCCH 以及 DCI 的最后一个子帧 n 后，UE 尝试在 $n+5$ 子帧为其之后的 N 个连续下行子帧（不含承载系统消息的子帧）进行对应 NPDSCH 的解码。这 N 个连续下行子帧的计算

方法是：$N=\text{Nrep}\times\text{NSF}$，其中，Nrep 是指每一个 NPDSCH 子帧总共重复传输的次数，NSF 是指待传数据需要占用的子帧数量。这两个因素都是根据对应的 DCI 解码得出的，在协议中可以查表得出对应关系（36.213 R13 16.4.1.3）。需要注意的是，DCI 有两种不同的格式，即 N1 格式和 N2 格式。在 UE 预期的 $n+5$ 子帧以及实际传输 NPDSCH 的起始子帧之间存在调度延迟，如果是 N2 格式，该调度延迟为 0；如果是 N1 格式，可以根据 DCI 的延迟指示 Idelay 和 NPDCCH 的最大重传 Rmax，依据协议规定（36.213 R13 表 16.4.1-1）共同确定调度延迟。另外在 UE 通过 NPUSCH 上传数据之后的三个下行子帧之内不传输 NPDSCH 数据。另外一种在物理层体现延迟传输 NPDSCH 的技术是设置 GAP，GAP 的长度由系统消息中的公共资源配置参数决定，这也为半双工 FDD 数据传输模式提供了更多的缓冲机制。

NPDSCH 承载系统消息和承载非系统消息数据的物理层流程以及帧结构有所不同。承载非系统消息数据的 NPDSCH 每个子帧先重复发送，直到 $N=\text{Nrep}\times\text{NSF}$ 个子帧都传输完。而承载系统消息的 NPDSCH 先传输 NSF 个子帧，再循环重复，直到 $N=\text{Nrep}\times\text{NSF}$ 个子帧都传输完。这两种传输方式占用资源的方式相似，之所以在重复传输机制上有所差异，可能主要还是考虑 UE 对于系统消息响应的及时程度。对于承载非系统消息数据的 NPDSCH，是通过对应 NPDCCH 加扰的 P-RNTI、临时 C-RNTI 或者 C-RNTI 进行解码的，同时 NPDSCH 持续占用的子帧情况也是通过解码 DCI 予以明确的。与之不同的是，承载系统消息的 NPDSCH 起始无线帧以及重复传输占用子帧情况是通

过解码小区 ID 和 MIB-NB 消息中的 schedulingInfoSIB1 参数获得的，当然这样承载系统消息的 NPDSCH 是通过 SI-RNTI 进行符号加扰的。SIB1-NB 是在子帧 4 进行传输的。在子帧内具体的起始位置则取决于组网方式，如果 NPDSCH 承载 SIB1-NB 并且是带内组网模式，则从第 4 个 OFDM 符号开始（避开前三个 OFDM 符号），其他组网模式从第一个 OFDM 符号（0 号 OFDM 符号）开始。如果 NPDSCH 承载其他信息，说明此时已经正确解码了 SIB1-NB，那么通过解读 SIB1-NB 中的 eutraControlRegionSize 参数来获取起始位置，如果该参数没有出现，那么从 0 号 OFDM 符号开始传输。

除了承载系统消息以及非系统消息（一般用户数据、寻呼信令等），NPDSCH 还承载对上行信道 NPUSCH 的 ACK/NACK 消息，位置是 NPUSCH 传完子帧之后的第 4 个子帧。

通过对于整个 NB-IoT 下行物理层结构以及流程的了解，NB-IoT 利用了延迟以及重传帧结构设计保障了数据传输的稳定性以及可靠性，提升了覆盖性能。这表明技术标准的发展方向是满足应用需求，而不是以技术本身的指标为考量。

4．窄带参考信号 NRS

如同 LTE 的 CRS，窄带参考信号也是 NB-IoT 里面重要的物理层信号，作为信道估计与网络质量评估的重要参考依据。在 UE 没有解读到 MIB-NB 里面的 operationModeInfo 字段时，UE 默认 NRS（窄带参考信号）分别在子帧 0、4 和 9（不包含 NSSS）上进行传输。当 UE 解码 MIB-NB 中的 operationModeInfo 字段指示为 Guardband 或者

Standalone 模式后，在 UE 进一步解码 SIB1-NB 前，UE 默认 NRS 在子帧 0,1,3,4 和 9（不包含 NSSS）上进行传输。解码 SIB1-NB 后，UE 默认 NRS 在每个不含 NPSS 或者 NSSS 的 NB-IoT 下行子帧进行传输。当 UE 解码 MIB-NB 中的 operationModeInfo 字段指示为 inband-SamePCI 或者 inband-DifferentPCI 模式后，在 UE 解码 SIB1-NB 之前，UE 默认 NRS 在子帧 0,4,9（不包含 NSSS）上进行传输。当 UE 解码 SIB1-NB 之后，UE 默认在每个不含 NPSS 或者 NSSS 的 NB-IoT 的下行子帧进行传输。

5．主同步信号

NB-IoT 的主同步信号（NPSS）仅作为小区下行同步使用。在 NB-IoT 中主同步信号传输的子帧是固定的，同时对应的天线端口号也是固定的，这也意味着在其他子帧传输的主同步信号的端口号并不一致，如图 2-7 所示。

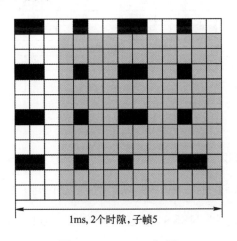

1ms, 2个时隙, 子帧5

图 2-7　NPSS 位置

图中黑色部分为 CRS 的位置，灰色部分为 NPSS 位置。值得

注意的是，传输 NPSS 的 5 号子帧上没有 NRS 窄带参考信号。另外如果在带内组网模式下与 CRS（小区参考信号）重叠，重叠部分不计作 NPSS，但是仍然作为 NPSS 符号的一个占位匹配项。

6．辅同步信号

与 NPSS 位置部署原则大体一致，辅同步信号（NSSS）部署在每个无线帧的 9 号子帧上，从第 4 个 OFDM 符号开始，占满 12 个子载波。该 9 号子帧上没有 NRS（窄带参考信号），另外如果在带内组网模式下与 CRS（小区参考信号）重叠，重叠部分不计作 NSSS，但是仍然作为 NSSS 符号的一个占位匹配项，如图 2-8 所示。

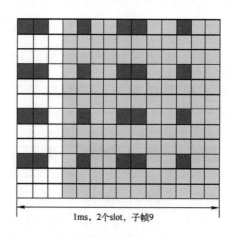

1ms, 2个slot, 子帧9

图 2-8　NSSS 位置

图中黑色部分为 CRS 的位置，灰色部分为 NSSS 的位置。与 LTE 大网中 PCI 需要通过 PSS 和 SSS 联合确定不同，窄带物联网的物理层小区 ID 仅仅需要通过 NSSS 确定（依然是 504 个唯一标识），这意味着 NSSS 的编码序列有 504 组。

从 UE 角度看，NB-IoT 下行是半双工传输模式，子载波带宽间隔

是固定的 15kHz,每一个 NB-IoT 载波只有一个资源块(Resource Block,RB)。下行窄带参考信号被布置在每个时隙的最后两个 OFDM 符号中,每个下行窄带参考信号都对应一个天线端口,NB-IoT 天线端口是 1 个或者 2 个。物理层同样被分配了 504 个小区 ID,UE 需要确认 NB-IoT 的小区 ID 与 LTE 大网 PCI 是否一致,如果二者一致,那么对于同频的小区,UE 可以通过使用相同天线端口数的 LTE 大网小区的 CRS(小区参考信号)来进行解调或者测量。UE 除了通过 NSSS 确定小区物理 ID 之外,还需要像 LTE 大网小区驻留流程一样,根据这两个同步信号进行下行同步,NPSS 位于每个无线帧的第 6 子帧的前 11 个子载波处,NSSS 位于每个无线帧的第 10 子帧上的全部 12 个子载波处。

2.1.3　NB-IoT 上行物理信道

对于上行链路,NB-IoT 定义了两种物理信道:NPUSCH(窄带物理上行共享信道) 和 NPRACH(窄带物理随机接入信道),还有上行解调参考信号(Demodulation Reference Signal,DMRS)。除了 NPRACH 之外,所有数据都通过 NPUSCH 传输。

NB-IoT 上行使用 SC-FDMA,考虑到 NB-IoT 终端的低成本需求,在上行要支持单频(Single Tone)传输,子载波间隔除了原有的 15kHz 之外,还新制定了 3.75kHz 的子载波间隔,共 48 个子载波。

当采用 15kHz 子载波间隔时,资源分配和 LTE 一样。当采用 3.75kHz 的子载波间隔时,15kHz 为 3.75kHz 的整数倍,对 LTE 系统干扰较小。由于下行的帧结构与 LTE 相同,为了使上行与下行相容,子载波空间为 3.75kHz 的帧结构中,一个时隙同样包含 7 个 Symbol,

共 2ms 长，刚好是 LTE 时隙长度的 4 倍。

此外，NB-IoT 系统中的采样频率（Sampling Rate）为 1.92MHz，子载波间隔为 3.75kHz 的帧结构中，一个符号（Symbol）的时间长度为 512Ts，Ts 为采样时间（Sampling Duration），加上 16Ts 的循环前缀（Cyclic Prefix，CP）长度，共 528Ts。因此，一个时隙包含 7 个 Symbol 再加上保护区间（Guard Period）共 3840Ts，即 2ms 长。

1. NPRACH

NPRACH 子载波间隔为 3.75kHz，占用 1 个子载波，有前导码格式 0 和前导码格式 1 两种格式，对应 66.7μs 和 266.7μs 两种循环前缀（CP）长度，对应不同的小区半径。1 个符号组（Symbol group）包括 1 个 CP 和 5 个符号，4 个 Symbol Group 组成 1 个 NPRACH 信道，如图 2-9 所示。

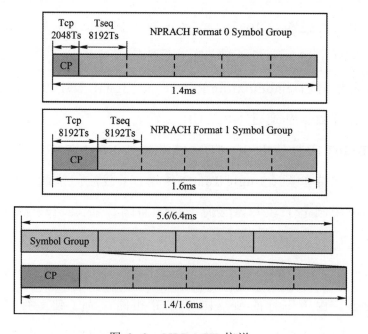

图 2-9　NPRACH 信道

NPRACH 信道通过重复获得覆盖增强，重复次数可以是{1,2,4,8,16,32,64,128}。

随机接入过程是 UE 从空闲态获取专用信道资源转变为连接态的重要手段。在 NB-IoT 中没有了同步状态下的 SR 流程对于调度资源的申请，NB-IoT 主要靠随机接入流程申请调度资源。随机接入使用 3.75kHz 子载波间隔，同时采取在单子载波跳频符号组的方式发送不同循环前缀的前导码（Preamble）。它由 5 个相同的 OFDM 符号与循环前缀拼接而成。随机接入前导序列只在前面加循环前缀，而不是在每个 OFDM 符号前都加（如 NB-IoT 的 NPUSCH 上行共享信道），主要原因是其并不是多载波调制，因此不用通过循环前缀来 CCP 保持子载波之间的正交性，节省下 CP 的资源可以承载更多的前导码信息，基站侧通过检测最强路径的方式确认随机接入前导码。随机接入前导码包含两种格式，两种格式的循环前缀不一样，前导码参数配置如表所示。

表 2-2　前导码参数配置

前导码格式	循环前缀 Tcp	前导码序列总长度 Tseq
0	2048Ts	5×8192Ts
1	8192Ts	5×8192Ts

一个前导码（Preamble）包含了 4 个符号组，通过一系列的时频资源参数配置，随机接入前导码占据预先分配的时频资源进行传输。UE 通过解读 SIB2-NB 消息获取这些预配置参数，如图 2-10 所示。

```
NPRACH-ParametersList-NB-r13 ::=      SEQUENCE (SIZE (1.. maxNPRACH-Resources-NB-r13)) OF NPRACH-
Parameters-NB-r13

NPRACH-ParametersList-NB-v1330 ::=  SEQUENCE (SIZE (1.. maxNPRACH-Resources-NB-r13)) OF NPRACH-
Parameters-NB-v1330

NPRACH-Parameters-NB-r13::=       SEQUENCE {                              NPRACH资源周期
    nprach-Periodicity-r13                  ENUMERATED {ms40, ms80, ms160, ms240,
                                              ms320, ms640, ms1280, ms2560},
    nprach-StartTime-r13       NPRACH起始时间   ENUMERATED {ms8, ms16, ms32, ms64,
                                              ms128, ms256, ms512, ms1024} NPRACH频域起始子载波
    nprach-SubcarrierOffset-r13             ENUMERATED {n0, n12, n24, n36, n2, n18, n34, spare1},
    nprach-NumSubcarriers-r13               ENUMERATED {n12, n24, n36, n48},  NPRACH分配子载波数
    nprach-SubcarrierMSG3-RangeStart-r13    ENUMERATED {zero, oneThird, twoThird, one},
    maxNumPreambleAttemptCE-r13             ENUMERATED {n3, n4, n5, n6, n7, n8, n10, spare1},
    numRepetitionsPerPreambleAttempt-r13    ENUMERATED {n1, n2, n4, n8, n16, n32, n64, n128},
    npdcch-NumRepetitions-RA-r13            ENUMERATED {r1, r2, r4, r8, r16, r32, r64, r128,
                                              r256, r512, r1024, r2048,    NPRACH重传次数
                                              spare4, spare3, spare2, spare1},
    npdcch-StartSF-CSS-RA-r13               ENUMERATED {v1dot5, v2, v4, v8, v16, v32, v48, v64},
    npdcch-Offset-RA-r13                    ENUMERATED {zero, oneEighth, oneFourth, threeEighth}
}
                                                   NPRACH随机接入竞争阶段分配子载波数
NPRACH-Parameters-NB-v1330 ::=        SEQUENCE {
    nprach-NumCBRA-StartSubcarriers-r13     ENUMERATED {n8, n10, n11, n12, n20, n22, n23, n24,
                                              n32, n34, n35, n36, n40, n44, n46, n48}
}

RSRP-ThresholdsNPRACH-InfoList-NB-r13 ::= SEQUENCE (SIZE(1..2)) OF RSRP-Range

-- ASN1STOP
```

图 2-10　SIB2-NB 消息

假设 nprach-Periodicity=1280ms，那么发起随机接入的无线帧号应该是 128 的整数倍，即 0,128,256…，当然这个取值越大，随机接入延迟越大，但是这对于物联网 NB-IoT 来说并不太敏感。窄带物联网终端更需要保证的是数据传递的准确性，对于延迟可以进行一定的容忍。nprach-StartTime 决定了具体的起始时刻，假设 nprach-StartTime=8，那么前导码可以在上述无线帧的第 4 号时隙上发送（8ms/2ms=4）。这两组参数搭配取值也有一定的潜规则，如果 nprach-Periodicity 取值过小，nprach-StartTime 取值过大，建议可以进行适当的调整。

一个前导码占用 4 个符号组，假设 numRepetitionsPerPreambleAttempt= 128（最大值），这就意味着前导码需要被重复传递 128 次，这样传输前导码实际占用时间为 4×128×（TCP+TSEQ）TS（时间单位），而协议规定，每传输 4×64（TCP+TSEQ）TS，需要加入 40×

30720Ts 间隔（36.211 R13 10.1.6.1），假设采取前导码格式 0 进行传输，那么传输前导码实际占用时间为 796.8ms，相比 LTE 的随机接入，这是一个相当大的时间长度，物联网终端随机接入需要保证用户的上行同步请求被正确解码，而对于接入时延来讲依然不那么敏感。

频域位置分配给前导码的频域资源不能超过频域最大子载波数，即 nprach-SubcarrierOffset+nprach-NumSubcarriers<=48，超过 48 则参数配置无效。这两个参数决定了每个符号[○]中 NPRACH 的起始位置，NPRACH 采取在不同符号的不同单子载波跳频，但是有一个限制条件，就是在起始位置以上的 12 个子载波内进行跳频。

nprach-NumCBRA-StartSubcarriers 和 nprach-SubcarrierMSG3-RangeStart 这两个参数决定了随机过程竞争阶段的起始子帧位置，如果 nprach-SubcarrierMSG3-RangeStart 取值为 1/3 或者 2/3，那么指示 UE 网络侧支持 multi-tone 方式的 msg3 传输。

UE 在发起非同步随机接入之前，需要通过高层获取 NPRACH 的信道参数配置。在物理层的角度看来，随机接入过程包含发送随机接入前导码和接收随机接入响应两个流程。其余的消息，比如竞争解决及响应（msg3，ms4），认为在共享信道传输，因此不认为是物理层的随机接入过程。

2．NPUSCH

NPUSCH 用来传送上行数据以及上行控制信息。NPUSCH 传输可

○ 这里并没有用 OFDM 符号这个词，由于随机接入前导码并没有采取 OFDM 调制技术，只是占用了 OFDM 符号的位置而已。

使用单频或多频传输。

NPUSCH 上行子载波间隔有 3.75kHz 和 15kHz 两种，上行有两种传输方式：单载波传输（Singletone）、多载波传输（Multitone），其中 Singletone 的子载波带宽包括 3.75kHz 和 15kHz 两种，Multitone 子载波间隔为 15kHz，支持 3、6、12 个子载波的传输。

如果子载波间隔是 15kHz,那么上行包含连续 12 个子载波；如果子载波间隔是 3.75kHz，那么上行包含连续 48 个子载波。对于通过 OFDM 调制的数据信道，如果在同样的带宽下，子载波间隔越小，相干带宽越大，那么数据传输抗多径干扰的效果越好，数据传输的效率就高。当然，考虑到通过快速傅里叶逆变换（IFFT）的计算效率，子载波也不能设置得无限小。同时，也要考虑与周围 LTE 大网的频带兼容性，选取更小的子载波也需要考虑与 15kHz 子载波间隔的兼容性。当上行采取 Singletone 模式 3.75kHz 带宽传输数据时，物理层帧结构最小单位为基本时长 2ms 时隙，该时隙与 FDD LTE 子帧保持对齐。每个时隙包含 7 个 OFDM 符号,每个符号包含 8448 个 Ts(时域采样)，其中这 8448 个 Ts 含有 256Ts 个循环校验前缀（这意味着 IFFT 的计算点数是 8448-256=8192 个，恰好是 2048（15kHz）的 4 倍），剩下的时域长度（2304Ts）作为保护带宽。Singletone 和 Multitone 的 15kHz 模式与 FDD LTE 的帧结构是保持一致的，最小单位是时长为 0.5ms 的时隙。而区别在于 NB-IoT 没有调度资源块，Singletone 以 12 个连续子载波进行传输，Multitone 可以分别按照 3、6、12 个连续子载波分组进行数据传输。

相比 LTE 中以 PRB 作为基本资源调度单位，NB-IoT 的上行共

享物理信道 NPUSCH 的资源单位是以灵活的时频资源组合进行调度的，调度的基本单位称作资源单位（Resource Unit，RU）。NPUSCH 有两种传输格式，其对应的资源单位不同，传输的内容也不一样。NPUSCH 格式 1 用来承载上行共享传输信道 UL-SCH，传输用户数据或者信令，UL-SCH 传输块可以通过一个或者几个物理资源单位进行调度发送。所占资源单位包含 Singletone 和 Multitone 两种格式。

NPUSCH 格式 2 用来承载上行控制信息（物理层），例如 ACK/NAK 应答。根据 3.75kHz、8ms 或者 15kHz、2ms 分别进行调度发送。

Singletone 和 Mulittone 的 RU（Resource Unit，资源单位）定义如下，调度 RU 数可以为 {1,2,3,4,5,6,8,10}，在 NPDCCH N0 中指示。NPUSCH 的 RU 定义如表 2-3 所示。

表 2-3 NPUSCH 的 RU 定义

NPUSCH 格式	子载波传输方式	子载波间隔/kHz	子载波数	时隙（Time Slot）数量	时长/ms
1	Singletone	3.75	1	16	32
		15	1	16	8
	Multi-tone	15	3	8	4
			6	4	2
			12	2	1
2	Singletone	3.75	1	4	8
		15	1	4	2

NPUSCH 采用低阶调制编码方式 MCS0～11，重复次数为 {1,2,4,8,16,32,64,128}。

NB-IoT 没有特定的上行控制信道，控制信息也复用在上行共享信道（NPUSCH）中发送。所谓的控制信息指的是与 NPDSCH 对应的

ACK/NAK 的消息，并不像 LTE 大网那样还需要传输表征信道条件的 CSI 以及申请调度资源的 SR（Scheduling Request）。

（1）对于 NPUSCH 格式 1

当子载波间隔为 3.75kHz 时，只支持单频传输，一个 RU 在频域上包含 1 个子载波，在时域上包含 16 个时隙，所以，一个 RU 的长度为 32ms。

当子载波间隔为 15kHz 时，支持单频传输和多频传输，一个 RU 包含 1 个子载波和 16 个时隙，长度为 8ms；当一个 RU 包含 12 个子载波时，则有 2 个时隙的时间长度，即 1ms，此资源单位刚好是 LTE 系统中的一个子帧。资源单位的时间长度设计为 2 的幂次方，是为了更有效地运用资源，避免产生资源空隙而造成资源浪费。

（2）对于 NPUSCH 格式 2

RU 总是由 1 个子载波和 4 个时隙组成的，所以，当子载波间隔为 3.75kHz 时，一个 RU 时长为 8ms；当子载波空间为 15kHz 时，一个 RU 时长为 2ms。

对于 NPUSCH 格式 2，调制方式为 BPSK。

对于 NPUSCH 格式 1，在包含一个子载波的 RU 情况下，采用 BPSK 和 QPSK 调制方式；其他情况下，采用 QPSK 调制方式。

由于一个 TB 可能需要使用多个资源单位来传输，因此在 NPDCCH 中接收到的 Uplink Grant 中除了指示上行数据传输所使用的资源单位的子载波的索引（Index）之外，也会包含一个 TB 对应的资源单位数目以及重传次数指示。

NPUSCH 格式 2 是 NB-IoT 终端用来传送指示 NPDSCH 有无成功接收的 HARQ-ACK/NACK，所使用的子载波的索引（Index）是在由

对应的 NPDSCH 的下行分配（Downlink Assignment）中指示的，重传次数则由 RRC 参数配置。

NPUSCH 目前只支持天线单端口，NPUSCH 可以包含一个或者多个 RU。这个分配的 RU 数量由 NPDDCH 承载的针对 NPUSCH 的 DCI 格式 N0（format N0）来指明。NPUSCH 采取"内部切片重传"与"外部整体重传"的机制保证上行信道数据的可靠性。对于格式 2 承载的一些控制信息，由于数据量较小，未采取内部分割切片的方式，而是数据 NPUSCH 承载的控制信息传完以后再重复传输以保证质量。NPUSCH 在传输过程中需要与 NPRACH 错开，NPRACH 优先度较高，如果与 NPRACH 时隙重叠，NPUSCH 需要延迟一定的时隙再传输。在传输完 NPUSCH 或者 NPUSCH 与 NPRACH 交叠需要延迟 256ms 传输，需要在传输完 NPUSCH 或者 NPRACH 之后加一个 40ms 的保护间隔，而被延迟的 NPUSCH 与 40ms 保护间隔交叠的数据部分则认为是保护带的一部分。

NPUSCH 具有功率控制机制，通过"半动态"调整上行发射功率使得信息能够成功在基站侧被解码。上行功控的机制属于"半动态"调整的方式，与 LTE 功控机制类似，是由于在功控过程中，目标期望功率在小区级是不变的，UE 通过接入小区或者切换至新小区的重配消息来获取目标期望功率，功控中进行调整的部分只是路损补偿。UE 需要检测 NPDCCH 中的 UL grant 以确定上行的传输内容（NPUSCH 格式 1/2 或者 Msg3），不同内容路损的补偿的调整系数有所不同，同时上行期望功率的计算也有差异。上行功控以时隙作为基本调度单位，值得注意的是，如果 NPUSCH 的 RU 重传次数大于 2，那么意味着此时 NB-IoT 正处于深度覆盖受限环境，上行信道不进行功控，采取最大功率发射时，

该值不超过 UE 的实际最大发射功率能力。对于 Class3，UE 最大发射功率能力是 23dBm；对于 Class5，UE 最大发射功率能力是 20dBm。

3．DMRS

不同格式的 RU 对应产生不同的解调参考信号。主要按照 $N_{sc}^{RU}=1$（一个 RU 包含的子载波数量）和 $N_{sc}^{RU}>1$ 两类来计算。另外 NPUSCH 两种格式的解调参考信号也不一样，格式 1 每个 NPUSCH 传输时隙包含一个解调参考信号，而格式 2 每个传输时隙则包含 3 个解调参考信号。这种设计的原因是承载控制信息的 NPUSCH 的 RU 中空闲位置较多，而且分配给控制信息的 RU 时域资源相对较少，因此每个传输时隙通过稍多的解调参考信号进行上行控制信息的解调保障。对于包含不同子载波的 RU 而言，可以参考 Singletone 与 Multitone 分类，需要保证每个子载波至少有一个 DMRS 参考信号以确定信道质量，同时 DMRS 的功率与所在 NPUSCH 信道的功率保持一致。对于 Multitone 中如何生成参考信号，既可以通过解读系统消息 SIB2-NB 中的 NPUSCH-ConfigCommon-NB 信息块中的参数（可选）获取，也可以根据小区 ID 通过既定公式计算获取。解调参考信号可以通过序列组跳变（Group hopping）的方式避免不同小区间上行符号的干扰。序列组跳变并不改变 DMRS 参考信号在不同子帧的位置，而是通过编码方式的变化改变 DMRS 参考信号本身。

对于 $N_{sc}^{RU}=1$ 的 RU，RU 内部的每个时隙中的序列组跳变是一样的；而对于 $N_{sc}^{RU}>1$ 的 RU，RU 内部每隔偶数时隙的序列组的计算方式就要重新变化一次。DMRS 映射到物理资源的原则是确保 RU 内每个时隙的每个子载波至少有一个参考信号。这个也很好理解，通俗来说

就是保证每个时隙上的子载波能够被正确解调，同时又不由于过多地分配 DMRS 导致资源消耗太多，物理层设计的时候也进行了相应的权衡。当然在物理资源映射分配上格式 1 与格式 2 的 DMRS 还是有些差异。格式 1 在每个时隙每个子载波上只分配 1 个 DMRS 参考信号，格式 2 在每个时隙每个子载波上分配 3 个 DMRS 参考信号。

NB-IoT 上行 SC-FDMA 基带信号对于单子载波 RU 模式需要区分是 BPSK 还是 QPSK 模式,即基于不同的调制方式和不同的时隙位置进行相位偏置。这一点与 LTE 是不同的，LTE 上行的 SC-FDMA 主要是由于考虑到终端上行的 PAPR 问题采取在 IFFT 前加离散傅里叶变换（DFT），同时分配给用户频域资源中不同子载波的功率是一样的，这样 PAPR 问题得到了有效的缓解。而对于 NB-IoT 而言，一个 NPUSCH 可以包含多个不同格式的 RU，一个终端可能同时包含发射功率不同的多个 NPUSCH，这样会使得 PAPR 问题凸显，因此通过基于不同调制方式数据的相位偏置可以进行相应的削峰处理，同时又不会像简单的 clipping 技术一样使得频域旁瓣发生泄漏，产生带外干扰。

2.2　eMTC 物理信道

2.2.1　eMTC 物理层

eMTC 是 LTE 的演进功能，在 TDD 及 FDD LTE 1.4～20MHz 系统带宽上都有定义，但无论在哪种带宽下工作，业务信道的调度资源限制在 6PRB 以内，eMTC 窄带划分方式如图 2-11 所示。

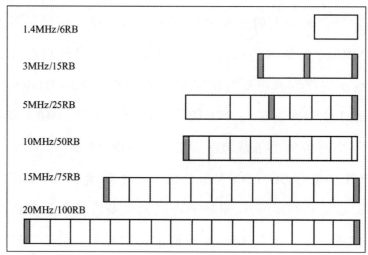

图 2-11　eMTC 窄带划分方式

eMTC 的子帧结构与 LTE 相同,与 LTE 相比,eMTC 下行 PSS/SSS 及 CRS 与 LTE 一致,同时取消了 PCFICH 和 PHICH 信道,兼容 LTE 的 PBCH,增加重复发送以增强覆盖,MPDCCH 基于 LTE 的 EPDCCH 设计,支持重复发送,PDSCH 采用跨子帧调度。上行 PRACH、PUSCH 和 PUCCH 与现有 LTE 结构类似,增加重复发送次数以增强覆盖。

eMTC 最多可定义 4 个覆盖等级,每个覆盖等级 PRACH 可配置不同的重复次数。eMTC 根据重复次数的不同,分为 Mode A 及 Mode B,Mode A 无重复或重复次数较少,Mode B 重复次数较多。

2.2.2　eMTC 下行物理信道

1．PBCH

eMTC 技术的 PBCH 完全兼容 LTE 系统,周期为 40ms,支持 eMTC 的小区有字段指示。采用重复发送增强覆盖,每次传输最多重复发送

5 次，如图 2-12 所示。

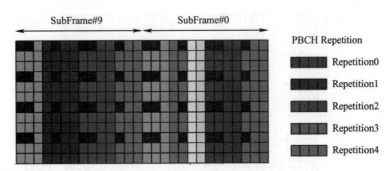

图 2-12   eMTCPBCH 发送方式

当 LTE 系统带宽为 1.4MHz 时，PBCH 不支持重复发送，即无覆盖增强功能。

2．MPDCCH

MPDCCH（MTC Physical Downlink Control Channel）用于发送调度信息，基于 LTER11 的 EPDCCH 设计，终端基于 DMRS 来接收控制信息，支持控制信息预编码和波束赋形等功能。一个 EPDCCH 传输一个或多个 ECCE（Enhanced Control Channel Element，增强控制信道资源），聚合等级为 {1,2,4,8,16,32}，每个 ECCE 由多个增强控制信道资源（Enhanced Resource Element Group，EREG）组成，如图 2-13 所示。

MPDCCH 的最大重复次数 Rmax 可配，取值范围 {1,2,4,8,16,32,64,128,256}。

3．PDSCH

eMTCPDSCH 与 LTEPDSCH 信道基本相同，但增加了重复和窄带间跳频，用于提高 PDSCH 信道覆盖能力和干扰平均化。eMTC 终端可

工作在 Mode A 和 Mode B 两种模式。

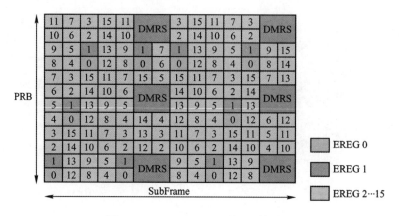

图 2-13　MPDCCH 资源格式

在 Mode A 模式下，上行和下行 HARQ 进程数最大为 8，在该模式下，PDSCH 重复次数为 {1, 4, 16, 32}。

在 Mode B 模式下，上行和下行 HARQ 进程数最大为 2，PDSCH 重复次数为 {4, 16, 64, 128, 256, 512, 1024, 2048}。

2.2.3　eMTC 上行物理信道

1．PRACH

eMTC 的 PRACH 的时频域资源配置沿用 LTE 的设计，支持 format0/1/2/3。频率占用 6 个 PRB 资源，不同重复次数之间的发送支持窄带间跳频。每个覆盖等级可以配置不同的 PRACH 参数。

PRACH 信道通过重复获得覆盖增强，重复次数可以是 {1, 2, 4, 8, 16, 32, 64, 128, 256}。

2．PUCCH

PUCCH 频域资源格式与 LTE 相同，支持跳频和重复发送。

Mode A 支持 PUCCH 上发送 HARQ-ACK/NACK、SR、CSI，即支持 PUCCH format1/1a/2/2a，支持的重复次数为 {1, 2, 4, 8}；Mode B 不支持 CSI 反馈，即仅支持 PUCCH format1/1a，支持的重复次数为 {4, 8, 16, 32}。

3．PUSCH

PUSCH 与 LTE 一样，但可调度的最大 RB 数限制为 6 个。支持 Mode A 和 Mode B 两种模式，Mode A 重复次数可以是 {8, 16, 32}，支持最多 8 个进程，速率较高；Mode B 覆盖距离更远，重复次数可以是 {192, 256, 384, 512, 768, 1024, 1536, 2048}，最多支持上行 2 个 HARQ 进程。

　　一般接触一个新的通信系统，工程师的思维会出现很多问号，这个新的技术和之前有什么不同？有什么创新之处？优势在哪里？与其按照八股协议一层层地抽丝剥茧，揭开神秘面纱，不如就直接来个痛快的，无需故弄玄虚，直接把新的技术特点抖落抖落。就像渔网捕鱼一样，抓住了渔网的重要节点，就能有意想不到的重大收获。

N

第 3 章

NB-IoT 关键技术

3.1 窄带物联网产业需求

3.1.1 现有物联网技术

随着物联网技术的迅猛发展，低功耗广覆盖类（LPWA）技术通过其特有的功耗低、成本低、覆盖广深、传输可靠性和安全性要求高而备受业界关注。目前，存在多种可承载 LPWA 类业务的物联网通信技术，如 WiFi、GPRS、LTE、LoRa 等，但存在如下问题：

（1）现有蜂窝网络未针对超低功耗的物联网应用进行设计和优化，终端续航时长无法满足要求，如：目前 GSM 终端待机时长（不含业务）仅 20 天左右，在一些 LPWA 典型应用（如抄表类业务）中更换电池成本高，且某些特殊地点（如深井、烟囱等）更换电池很不方便。

（2）现有物联网技术无法满足海量终端的应用需求，物联网终端的一大特点就是数量非常庞大，因此需要网络能够同时接入业务请求，而现在针对非物联网应用设计的网络无法满足同时接入海量终端的需求。

（3）典型场景网络覆盖不足，例如在深井、地下车库等位置存在覆盖盲点，室外基站无法实现全覆盖。

（4）现有物联网接入终端成本高，对于部署物联网的企业来说，选择 LPWA 的一个重要原因就是部署的低成本。智能家居应用、智能硬件的主流通信技术是 WiFi，因为 WiFi 的模块成本比较低，WiFi 模

块的价格已经降到了 10 元人民币以内。但支持 WiFi 的物联网设备通常还需无线路由器或无线 AP 做网络接入或只能做局域网通信。而如果选择蜂窝通信技术，对于企业来说部署成本太高，国产最普通的 2G 通信模块一般在 30 元人民币以上，而 4G 通信模块则要 200 元人民币以上。

此外，LoRa 等非蜂窝物联网技术基于非授权频谱传输，需自建网络，无线干扰大，安全性差，无法确保可靠传输。

3.1.2　NB-IoT 技术概述

NB-IoT 技术聚焦于低功耗广覆盖（LPWA）物联网（IoT）市场，是一种可在全球范围内广泛应用的新兴技术。具有低成本、低功耗、广覆盖、支持海量终端连接等特点。NB-IoT 使用授权频段，可采取带内、保护带或独立载波等三种部署方式，可与现有网络共存，并可基于 GSM 900MHz 网络部署，在覆盖、功耗、成本等方面性能最优，更适用于 LPWA 类物联网业务。

NB-IoT 的发展历程可追溯到 2014 年，为应对 Sigfox 等竞争技术，3GPP 在 GERAN 工作组设立了窄带蜂窝物联网系统的研究项目。为引导更多公司参与研究，扩大影响力，3GPP 于 2015 年 9 月将窄带物联网项目转至 RAN 工作组进行协议制订工作，并将立项之初存在的两大候选技术 NB-CIoT 方案与 NB-LTE 方案进行了融合，形成 NB-IoT 技术，为标准化的顺利开展奠定了基础，最终其核心部分于 2016 年 6 月顺利结项。NB-IoT 技术可以满足 LPWA 应用需求，实现低成本、低功耗、广深覆盖、大连接，主要因为其在以下几方

面做了技术优化：

（1）革新的空口技术。采用超窄带设计、重复发送等技术实现覆盖增强；采用新增模式实现功耗降低；采用低复杂度设计来降低成本。

（2）灵活多样的部署方式设计。独立频点 Standalone 方式、使用 FDD LTE 间带的 Guardband 方式、使用 FDD LTE 系统资源的 Inband 方式。

（3）轻量级的核心网。优化端到端流程、简化协议栈、采用新的数据承载方式，构建新的计费模式，节省信令流程，提高数据传输效率。

（4）低复杂度、高集成度芯片设计。软件功能简化，如协议栈简化、无复杂外设控制等；硬件集成度提高。

按照覆盖距离以及可支持的传输速率来看，NB-IoT 技术与其他物联网技术对比如图 3-1 所示。

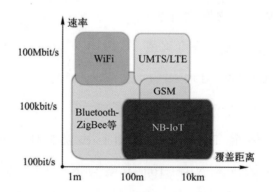

图 3-1　物联网技术支持的覆盖距离及速率

按照覆盖距离以及功耗来看，NB-IoT 技术与其他物联网技术对比如图 3-2 所示。

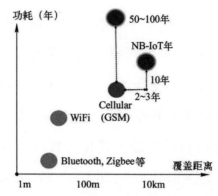

图 3-2　物联网技术支持的覆盖距离及功耗

3.2　覆盖增强技术

NB-IoT 的关键技术特点可以概括为 4 项：广/深覆盖、低功耗、低成本与大连接，如图 3-3 所示。本节介绍覆盖增强技术。

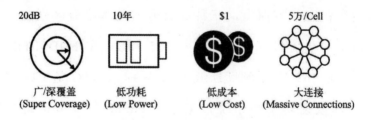

图 3-3　NB-IoT 关键技术

3.2.1　覆盖增强技术概述

NB-IoT 的设计目标是在 GSM 基础上覆盖增强 20dB。以 144dB 作为 GSM 的最大耦合路损，则 NB-IoT 设计的最大耦合路损（MCL）为 164dB。其中，其下行主要依靠增加各信道的最大重传次数以获得覆盖增强。而在其上行的覆盖增强主要来自于两方面，一是在极限覆

盖情况下，NB-IoT 可采用单子载波进行传输，其功率频谱密度（Power Spectral Density，PSD）可得到较大幅度的提升。以 Singletone 部署方式下 3.75kHz 的子载波间隔为例，与 GSM 180kHz 带宽相比，其 PSD 可得到约 17dB 的增益（不考虑上行 2R）。

二是可增加上行信道的最大重传次数以获得覆盖增强。因此，尽管 NB-IoT 终端上行发射功率（23dBm）较 GSM（33dBm）低 10dB，其传输带宽的变窄及最大重复次数的增加使其上行可工作在 164dB 的最大路损下。

NB-IoT 三种工作模式都可以达到该覆盖目标。下行方向上，Standalone 的功率可独立配置，Inband 及 Guardband 的功率受限于 LTE 的功率，因此这两种方式下需更多重复次数才能达到与 Standalone 方式同等的覆盖水平。在相同覆盖水平下，Standalone 方式的下行速率性能优于另两者；上行方向上，三种部署方式基本没有区别。

eMTC 的覆盖目标是 MCL 为 155.7dB，在 FDD LTE 基础上增强 15dB，比 NB-IoT 的覆盖目标低 8dB 左右。eMTC 是 LTE 的增强功能，与 LTE 共享发射功率和系统带宽，但 eMTC 的业务信道带宽最大为 6 个 PRB。eMTC 功率谱密度与 LTE 相同，覆盖增强主要是通过重复发送和跳频来实现。在 3GPP 标准中，其最大重复次数也可达 2048 次。

3.2.2　下行重传带来的覆盖增强

1. NPBCH 解调门限

NPBCH 2T1R 仿真得到的解调门限如表 3-1 所示。下表是基站 2 天线发送的仿真结果，存在约 3dB 的发送分集增益，如果基站采用 1

天线发送（1T1R），要达到与 2 天线同等覆盖能力，需要更多重复次数。

表 3-1　NPBCH 解调门限

重复次数	10%BLER 解调门限/dB	MCL/dB	
		Standalone（发射功率 43dBm）	Inband/Guardband（发射功率 35dBm）
64 次（8 个 Block，640ms）	−11.8	171.2	160.2
32 次（4 个 Block，320ms）	−8.3	167.7	156.7
16 次（2 个 Block，160ms）	−4.6	164	153
8 次（1 个 Block，80ms）	−1	160.4	149.4
4 次（1/2 个 Block，40ms）	2	157.4	146.4
2 次(1/4 个 Block，20ms)	5	154.4	143.4
1 次（1/8 个 Block，10ms）	8	151.4	140.4

Standalone 方式下，MCL 达到 144dB、154dB 和 164dB 的重复次数分别为 1、2 和 16。Standalone MCL 在重复次数为 1 次时已达到 144dB 的要求。

In-band/Guard band MCL 达到 144dB 的重复次数为 4 次；达到 154dB 的重复次数为 32 次；重复次数达到最大 64 次时，MCL 仍无法满足 164dB 的覆盖目标。在 MCL 为 164dB 解调 PBCH 时，BLER 会高于 10%。

此外，控制信道一般也考虑 1%BLER 的解调门限要求；PBCH 重复周期为 640ms，最多重复 64 次，MCL 未到达 164dB 的覆盖目标。

2. NPDCCH 解调门限

NPDCCH 信息最大 39bit，基于 48bit 仿真的解调门限如表 3-2 所示。从仿真结果可以看到，重复 32 次可满足 Standalone 方式下

MCL=164dB 的覆盖要求。当 Guardband 和 Inband 的发射功率比 Standalone 低 8dB 时，重复 193、230 次才满足 Guardband 和 Inband 方式下 MCL=164dB。

表 3-2　NPDCCH 解调门限

NB-IoT 部署方式	重复次数	10%BLER 解调门限/dB	MCL/dB
Standalone（1T1R，发射功率 43dBm）	32	-4.6	164
Guardband（2T1R，发射功率 35dBm）	193	-12.6	164
Inband（2T1R，发射功率 35dBm）	230	-12.6	164

3. NPDSCH 解调门限

重复次数与 TBS 大小有关，如表 3-3 所示，TBS=680 时重复 32 次可满足 Standalone 下的 MCL=164dB 的覆盖要求。Inband 和 Guardband 的发射功率比 Standalone 低 8dB 时，重复次数需达到 128 次才满足 MCL=164dB 的覆盖要求。同等覆盖距离下，Standalone 方式的下行速率比其他两种部署方式要高。下行速率为单子帧瞬时速率，未考虑调度时延、HARQ 反馈等开销。

表 3-3　NPDSCH 解调门限仿真结果

部署方式	重复次数	10%BLER 解调门限/dB	下行瞬时速率/kbit/s	MCL/dB
Standalone（1T1R,发射功率 43dBm）	32	-4.6	2.41	164
Inband（2T1R,发射功率 35dBm）	128	-12.9	0.45	164.3
Guardband（2T1R,发射功率 35dBm）	128	-12.9	0.598	164.3

3.2.3　功率谱密度对覆盖能力的增强

NB-IoT 独立部署，下行发射功率可独立配置，如表 3-4 所示。

当总的发射功率为 20W 时，NB-IoT 功率谱密度与 GSM 相同，但比 LTE FDD 功率谱密度高 14dB 左右。在 Inband 及 Guardband 工作方式下，可以配置 NB-IoT 与 LTE 的功率差，例如 NB-IoT 比 LTE 功率高 6dB，此时 NB-IoT 下行功率仍比 GSM 功率低 8dB。eMTC 在功率谱密度上并未比 LTE 有所提升，比 GSM 功率谱密度低 14dB，因此 eMTC 功率谱密度比 NB-IoT 低 6～14dB。

表 3-4　GSM、LTE FDD 与 NB-IoT、eMTC 下行功率谱密度比较

下行方向	GSM	LTE FDD（10MHz）	NB-IoT		eMTC(FDD-10MHz)
			Standalone	Inband/Guardband	
下行发射功率/dBm	43	46	43	35	36.8
占用带宽/kHz	180	9000	180	180	1080
下行功率谱密度/dBm/kHz	20.44	6.46	20.44	12.46	6.46

表中假设 NRS 功率配置比 CRS 功率高 6dB；LTE FDD 10MHz 发射功率为 46dBm，eMTC 占用 1080kHz 的总功率为 36.8dBm。

上行功率谱密度的对比关系如表 3-5 所示，NB-IoT 上行终端最大发射功率比 GSM 低 10dB，但由于 NB-IoT 的最小调度带宽为 3.75kHz 或 15kHz，因此 NB-IoT 上行功率谱密度比 GSM 高 0.8～6.9dB。eMTC 终端最大发射功率为 23dBm，最小调度带宽为 1 个 RB（180kHz），其上行功率谱密度与 LTE 相同，但比 GSM 低 10dB，因此 eMTC 上行功率谱密度比 NB-IoT 低 11～17dB。

表 3-5　GSM、LTE FDD 与 NB-IoT、eMTC 功率谱密度比较

方向		GSM	LTE FDD 10MHz	NB-IoT（独立部署、带内部署、保护带内部署）		eMTC（FDD 10MHz）
上行	上行最大发射功率/dBm	33	23	23		23
	最小占用带宽/kHz	180	180	15	3.75	180
	上行最大功率谱密度/(dBm/kHz)	10.4	0.4	11.2	17.3	0.4

需注意的是，除了功率谱密度上有所变化外，覆盖增强还通过重复发送及跳频实现。eMTC 在功率谱密度上无增强，主要通过重复、跳频实现覆盖增强。

3.2.4 上行重传带来的覆盖增强

NB-IoT 的三种部署方式（Standalone、Guardband 和 Inband）在上行可用资源相同，因此上行信道的性能接近。

1. NPRACH 重复

NPRACH 重复次数{1,2,4,8,16,32,64,128}，如表 3-6 所示，重复次数达到 32 次时，可满足 MCL 164dB 的覆盖需求。3GPP 标准定义 NPRACH 重复次数次数为 2 的幂次方，表 3-6 中的重复次数不完全满足标准定义，实际使用时略有差异。

表 3-6　NPRACH 虚警概率及漏检率

格　　式	MCL/dB	重复次数	持续时长/ms	虚警概率	漏检率
Format 2	144	2	12.8	0.05%	0.50%
	154	6	38.4	0.10%	0.60%
	164	30	192	0.10%	0.80%

2. NPUSCH 重复

NPUSCH 采用 QPSK 调制，仿真结果如表 3-7 所示，发送接收天线为 1T2R。RU 个数的取值范围为{1,2,3,4,5,6,8,10}，重复次数取值范围为{1,2,4,8,16,32,64,128}，表 3-7 中部分取值与标准定义不完全匹配。上行速率为单子帧瞬时速率，未考虑调度时延、HARQ 反馈等开销。

表 3-7　NPUSCH 解调门限

	多载波方式	子载波数	RU 个数	重复次数	发送时长（ms）	10%BLER解调门限（dB）	上行瞬时速率（kbps）	MCL（dB）
覆盖等级 1	MT	3	6	1	24	3.2	29.3	144.3
	15KST	1	5	1	40	7.9	17.6	144.3
	3.75KST	1	5	1	160	8.1	4.4	150.2
覆盖等级 2	15KST	1	12	2	192	−1.8	3.67	154
	3.75KST	1	8	1	256	3.7	2.76	154.6
覆盖等级 3	15KST	1	25	7	1400	−12.8	0.5	165
	3.75KST	1	22	2	1408	−6.2	0.5	164.5

3.2.5　eMTC 覆盖增强技术

1.　eMTC 下行覆盖增强

由于 LTE 系统下行各信道的覆盖能力不同，为了满足 MCL=155.7dB 的覆盖目标，各信道需要提升不同程度的覆盖能力 6.7～9.6dB，如表 3-8 所示。

表 3-8　eMTC 下行信道覆盖增强需求　　　（单位：dB）

物理信道	PDSCH	PBCH	PDCCH
（1）MCL(FDD LTE)	145.4	149	146.1
需增强的覆盖=155.7-（1）	10.3	6.7	9.6

eMTC 各信道都可通过重复发送来达到 MCL=155.7dB 的覆盖目标：

PBCH 在传统 LTE 系统 PBCH 单次发送的基础上可重复 20 次，理论上可获得 13dB 左右的覆盖增益。

MPDCCH 定义最多可重复 256 次，当 MCCE 聚合等级为 8 时，重复 100～200 次覆盖可增强 20dB 左右，MPDCCH 还定义了 16 及 32 聚合等级，其重复次数将进一步降低。

MPDSCH 定义最多可重复 2048 次，当重复 147 次时，覆盖可增

强 20dB 左右。

2. eMTC 上行覆盖增强

由于传统 LTE 各信道的覆盖能力不同，为了满足 MCL=155.7dB 的覆盖目标，各信道需要提升不同程度的覆盖能力 8.5～15dB，如表 3-9 所示。

表 3-9　eMTC 上行信道仿真结果　　　　　（单位：dB）

物理信道	PUCCH	PRACH	PUSCH
（1）MCL(FDD)	147.2	141.7	140.7
需增强的覆盖=155.7-（1）	8.5	14	15

上行各信道通过重复发送可达到 MCL=157.7 的覆盖目标，各信道需要重复的次数如表 3-10 所示，低于 3GPP 定义的最大重复次数。

表 3-10　eMTC 上行信道仿真结果

物理信道	3GPP 定义的最大重复次数	重复次数	仿真结果说明
PUSCH	2048	90	4 厂家平均值
PRACH	256	25	3 厂家平均值
PUCCH	32	9	3 厂家平均值

3.3　低成本技术

NB-IoT 在系统设计之初就期望通过降低终端复杂度及降低某些性能要求，从而达到降低终端成本的目的。此外，还可通过提高终端集成度来降低成本，在终端实现上可通过降低存储容量和处理速度、采用低成本晶振、节省带通滤波器和采用集成方案等手段实现低成本。

1．降低存储器和处理器的要求

NB-IoT 采用更窄的带宽、更低的速率和更简单的调制编码，从而降低存储器和处理器要求：

1）NB-IoT 工作带宽仅为 180kHz，远低于 LTE 的工作带宽，上行窄带的峰均比低，对射频要求低。

2）NB-IoT 上下行速率明显低于 LTE，从而对处理器要求低。

3）NB-IoT 下行调制编码简单，NB-IoT 下行采用 TBCC 解码，要求支持 QPSK；而 LTE 下行采用 Turbo 解码，要求支持 16QAM。

4）NB-IoT 的数据包较小，对数据率要求也较低，用单进程 HARQ 可以减少缓冲，从而降低成本。

2．采用低成本晶振

NB-IoT 通过采用低复杂度同步方案和降低精度要求，从而使晶振成本降低 2/3 以上。

1）低复杂度同步方案：NB-IoT 粗同步时将采样频率降低为 240kHz，从而降低终端处理复杂度。

2）降低精度要求：NB-IoT 性能比 LTE 低，频率精度的指标要求为 0.2ppm（<1GHz）。

3．节省带通滤波器

3GPP 标准降低了带外和阻塞指标要求，通过了接收和发射无带通滤波器方案，采用 LC 电路代替带通滤波器，节省了带通滤波器，可以降低成本。

4．采用高集成方案

NB-IoT 峰均比低，Singletone 部署方式峰均比接近 0dB，可实现在芯片内部集成功率放大器（Power Amplifier，PA），可降低终端成本。

NB-IoT 与其他物联网技术成本对比如表 3-11 所示。

表 3-11　GSM/eMTC/NB-IoT 成本对比

部件组成	2GGSM（4频）	4G eMTC（FDD LTE 2频）	NB-IoT（FDD 2频）
基带芯片	1.0～1.2 美元单芯片（集成基带+射频+电源+ROM+RAM）	2～3 美元单芯片（集成基带+ROM+RAM）	1～1.5 美元单芯片（集成基带+射频+电源+ROM+RAM）
射频芯片	已集成于单芯片内	0.5～1 美元	已集成于单芯片内
电源管理芯片	已集成于单芯片内	0.5～1 美元	已集成于单芯片内
射频前端	0.3～0.4 美元	0.3～0.5 美元	0.3～0.5 美元
PCB、芯片外围器件及产线生产	1.5～1.8 美元	1.7～2 美元	1.2～1.5 美元
ROM	已集成于单芯片内	已集成于基带片内	已集成于单芯片内
RAM	已集成于单芯片内	已集成于基带芯片内	已集成于单芯片内
总价	3～3.5 美元	5.0～7.5 美元	2.5～4 美元

3.4　低功耗技术

3.4.1　NB-IoT 终端低功耗技术的实现方式

NB-IoT 终端低功耗可以从软件与硬件两方面实现。

1．硬件方面

硬件实现低功耗可通过提升集成度、器件性能优化、架构优化等几种方式。

（1）提升集成度

从芯片集成、射频前段器件集成和定位模块集成三方面提升集成度，减少通路插损（如集成式射频前端通路插损至少减少 0.5dB～1dB），降低功耗。

（2）器件性能优化

通过推动高效率功放/高效率天线器件的研发，降低器件损耗。

（3）架构优化

架构优化主要指待机电源优化，待机时关闭芯片中无须工作的供电电源，关闭芯片内部不工作的子模块时钟。

2. 软件方面

软件方面的优化重要包括物理层优化、新的节电特性、高层协议优化及操作系统优化。

（1）物理层优化通过简化物理层设计，降低实现复杂度，同时引入若干优化方法进行物理层优化，从而降低耗电。

1）NB-IoT 是一种低速率通信技术，较 3G/4G 带宽小、采样率低，Modem 功耗大幅降低；

2）上行 Singletone 部署方式下峰均比较 4G 低，可以提高 PA 效率，降低功耗。

3）下行采用 tail-biting 卷积码，可降低解码复杂度，从而降低功耗。

4）简化控制信道设计，减少终端控制信道盲检测，降低复杂度。

5）NB-IoT 对移动性要求较低，降低耗电，现阶段不要求连接态

测量及互操作，不要求异系统测量及互操作，减少了测量对象，从而降低功耗。

（2）新的节电特性

新的节电特性包括节电模式（Power Saving Mode，PSM）和扩展的非连续接收（Extended Discontinues Reception，e-DRX）两项技术。

LPWA 应用的一个特点是低速率，且应用传输间隔一般都较大，终端99%的时间都处于空闲状态，因此可利用此业务特性使终端在空闲状态进入耗电量极低的睡眠状态，从而省电。

PSM 的具体流程为终端在 Attach/TAU/RAU 过程中向网络申请 Active Time，若申请有效，则终端在由连接态进入空闲态后开启 Active Time 定时器，超时后终端进入 PSM 状态，当需要上行数据传输或者周期性 TAU 时终端离开 PSM。终端在 PSM 状态下不监听寻呼，网络保留终端注册信息，在 PSM 模式下终端可进行深度睡眠，从而节电。

目前终端 DRX 周期最长为 2.56s，eDRX 通过延长 DRX 周期（空闲态最大周期 43min，连接态最大周期 10.24s），进一步降低终端连接态和待机功耗。

（3）信令简化与数据传输优化

1）根据 LPWA 业务低速率、小数据量特征，对现有流程进行简化，减少信令/数据传输，降低功耗。

2）通过引入非 IP 数据（Non-IP）类型，该数据类型可不需要 IP 包头，通过减少 IP 包头，降低头开销及数据传输总长度，从而降低终端功耗。

3）通过使用控制面传输即数据夹带在信令消息中传输，加快传输速度，降低终端功耗。

4）通过保存 UE 的上下文，当需要进行数据传输时，快速恢复传输通道，减少信令交互，降低终端功耗。

5）短信传输不需要进行联合附着，通过简化终端附着难度，降低实现复杂度，降低终端功耗。

（4）操作系统简化

1）对操作系统裁剪或者重新设计轻量级操作系统。物联网终端功能需求少，可基于标准 Linux 内核进行裁剪，删除不需要的功能和驱动，提高运行效率，减少内存占用或针对物联网应用特点重新设计轻量级操作系统。

2）采用单核处理器。物联网终端运算速度要求不高，单核处理器性能可以满足需求，处理器主频相对智能终端可以大幅降低。

3）采用单进程。物联网终端没有用户界面或者界面较简单，对多进程的需求不高，可以用单进程实现，不需要进程管理，减少实现复杂度，降低功耗。

3.4.2　PSM 功能

PSM（节电模式）功能允许终端数据传输完成后向网络申请进入深度睡眠。终端可以在 Attach Request/TAU Request/RAU Request 等 NAS 信令中携带 T3324 IE 向网络申请使用 PSM，如果网络同意，则通过 Attach Accept/TAU Accept/RAU Accept 等信令配置 Active Time。PSM 工作原理如图 3-4 所示。

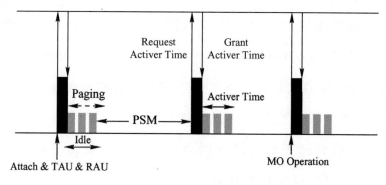

图 3-4　PSM 工作原理图

未配置 PSM 功能的 UE 终端需要监听寻呼消息，如图 3-5 所示。

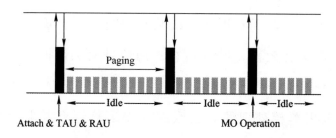

图 3-5　未配置 PSM 功能的终端工作示意图

UE 从连接态转到空闲态后开启 Active Time，在 Active Time 超时后进入 PSM 状态。终端在 Active Time 内正常监听寻呼消息，仍然可及；进入 PSM 状态后不再监听寻呼消息，变为不可及状态。当需要上行数据传输或者周期性 TAU/RAU 时终端离开 PSM。

终端 PSM 状态类似于关机，但终端在网络中仍然是已注册状态，且网络感知终端是否可及。终端在 PSM 状态下进入深度睡眠，仅有时钟等少量活跃电路，耗电极低，在 μA 级别；但考虑到终端处于 PSM 状态时无法被寻呼到，PSM 适用于物联网终端数据传输不是很频繁且对时延不敏感的业务。

考虑到智能表类终端的业务一般是数据上报，且上报周期比较长，承载该类业务的终端非常适合配置 PSM 功能。以每两小时上报一条长度为 200B 的数据包计算，处于覆盖中点的终端有 99% 的时间可以处于 PSM 状态，也就是说几乎大部分时间待机电流都在 μA 级别，能够大幅度延长工作时长。

需要说明的是，PSM 功能本身是不带周期配置的。对于有下行数据传输需求的业务，可以合理配置跟踪区更新（Tradcing Area Update，TAU）的周期。PSM 和周期性 TAU 相结合，可以保证终端即使没有上行数据传输也可以按照固定间隔从 PSM 中醒来接收下行数据。从 R13 开始，TAU 的周期最大可以配置到 $31\times320h$。

3.4.3　eDRX 功能

对于时延要求在分钟量级或存在较多物联网终端数据的业务，周期性 TAU 和终端自主唤醒较为频繁，如果使用 PSM 会引入大量的信令交互。对于不适用于 PSM 的业务，更灵活的方法是使用 eDRX。

eDRX（扩展非连续接收）功能是在 R8 DRX 基础上，为了进一步增强节电增益进行的功能扩展，如图 3-6 所示。R8 定义的 DRX 周期最长为 2.56s（空闲态和连接态最大周期相同），eDRX 通过延长唤醒周期进一步降低终端连接态和空闲态功耗。对于空闲态，NB-IoT 的 eDRX 最大周期为 174.76min，周期取值范围为 {20.48，40.96，81.92，163.84，327.68，655.36，1310.72，2621.44，5242.88，10485.76} 秒；eMTCeDRX 最大周期为 43.69min，周期取值范围为 {20.48，40.96，81.92，163.84，327.68，655.36，1310.72，2621.44} 秒。对于连接态，最大周期扩展到 10.24s。

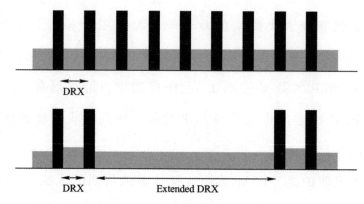

图 3-6　eDRX 功能示意图

eDRX 将非连续接收的周期最长扩展到了将近 3h，一方面使参数配置更加灵活，适合多种不同数据传输频率的业务，另一方面更长的周期可以进一步降低待机功耗，如图 3-7 所示，假设 eDRX 周期分别为 43.69min 和 174.76min 的情况下终端平均待机电流，假设两种周期情况下休眠底电流均为 5μA（事实上更长周期会有更低底电流，这里暂不计该部分差异的影响），则平均待机电流相差在 10μA 左右，对工作时长有较大影响。

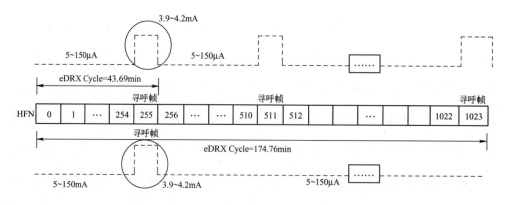

图 3-7　不同 eDRX 周期下待机电流模拟推算

43.69 分的周期待机电流为：

$I=(3.9 \sim 4.3\text{mA} \times 1\text{HFN} + 5 \sim 150\mu\text{A} \times 255\text{HFN})/256\text{HFN} = 20 \sim 166\mu\text{A}$

174.76 分的周期待机电流为：

$I=(3.9 \sim 4.3\text{mA} \times 1\text{HFN} + 5 \sim 150\mu\text{A} \times 1023\text{HFN})/1024\text{HFN} = 9 \sim 154\mu\text{A}$

关于 eDRX 功能的使用，根据不同业务的时延要求和数据传输频率，可以选择合理的 eDRX 周期，对连接态和空闲态 eDRX 周期进行差异化配置；同时，eDRX 和 PSM 可以联合使用，在连接态和空闲态（Active Time 运行期间）配置 eDRX，Active Time 超时后进入 PSM，达到最大省电效果。

3.4.4 信令简化与数据传输优化

与传统 2G/3G/4G 蜂窝网络的终端相比，物联网终端功能相对简单，在操作系统与协议栈方面也有大幅的简化。

在操作系统层面，由于物联网终端功能需求少，可基于标准 Linux 内核进行裁剪，删除不需要的功能和驱动，提高运行效率，减少内存占用；同时由于物联网终端对运算速度要求不高，单核处理器性能可以满足需求，处理器主频相对智能终端可以大幅降低；另一方面，部分物联网终端没有用户界面或者界面较简单，对多进程的需求不高，可以用单进程实现，不需要进程管理，减少实现复杂度，降低功耗。

在协议栈层面，以 NB-IoT 为例，根据业务特征和网络特性，协议对现有流程进行简化，减少信令/数据传输，降低功耗。从表 3-12 中的信令数量可以看出，优化后空口信令数明显减少。

表 3-12　信令/数据传输优化效果对比

流程	现有信令数（空口）	优化后信令数（空口）	优化效果
上行数据传输	9 条：RRC 连接建立 3 条+鉴权加密 4 条+无线承载建立 2 条	3～4：RRC 连接建立 3 条+下行直传 1 条	
下行数据传输	10 条：Paging1 条+RRC 连接建立 3 条+鉴权加密 4 条+无线承载建立 2 条	5～6：Paging1 条+RRC 连接建立 3 条+下行直传 1 条+上行直传 1 条	不使用用户面，只使用控制面传输
短消息（MO，信令方式）	9 条：RRC 连接建立 3 条+鉴权加密 4 条+无线承载建立 2 条	4 条：RRC 连接建立 3 条+下行直传 1 条	对 SMS 原有协议层级进行优化，将中间子层（连接管理子层）去除。不再采用 7 号信令方式（TCAP/MAP）
短消息（MT，信令方式）	10 条：Paging1 条+RRC 连接，建立 3 条+鉴权加密 4 条+无线承载建立 2 条	6 条：Paging1 条+RRC 连接，建立 3 条+下行直传 1 条+上行直传 1 条	采用 NB-IoT 小数据方式承载
RRC SUSPEND	7 条：RRC 连接建立 3 条+鉴权加密 4 条	3 条：RRC 恢复建立 3 条	将连接信息和 AS 内容和一个 ID 关联，保存在 RAN 中，通过该 ID 重新触发连接可减少空口信令交互

在物理层方面，eMTC 沿袭了 LTE 空口，NB-IoT 则简化了物理层设计，降低了实现复杂度，同时引入若干优化方法，降低了耗电。以 NB-IoT 为例，与 3/4G 相比，其带宽小、采样率低，Modem 功耗也大幅降低；在 Single tone 部署方式下，上行峰均比较 4G 低，可以提高 PA 效率，降低功耗，下行传输方面采用 tail-biting 卷积码，降低了解码复杂度；此外，NB-IoT 还通过简化控制信道设计，减少终端控制信道盲检测，降低复杂度。

3.5　大连接技术

与传统 LTE 的容量规划相比，NB-IoT 规划关注重点不再是用户的无线速率，而是每个站点可支持的连接用户数。为满足物联网大连接的需求，NB-IoT 在设计之初所定目标为 5 万连接数/小区，但是否可达到该设计目标取决于小区内各 NB-IoT 终端业务模型等因素。

与传统网络规划类似，NB-IoT 的容量规划首先需要与覆盖规划相结合，最终结果需同时满足覆盖与容量的要求；其次，容量规划需根据话务模型和组网结构对不同的区域进行规划；最后，容量规划除业务能力外，还需综合考虑信令等各种无线空口资源。

NB-IoT 单站容量是基于单站配置和用户分布设定，结合每用户的业务需求，得出单站承载的连接数。站点数目是整网连接数需求与单站支持的连接数的比值。

3.5.1　单小区连接能力计算

用户分布会直接影响到网络容量，NB-IoT 定义了覆盖等级，0 代表近端用户，1 代表中点，2 代表远端用户。覆盖等级 0、1、2 的用户比例为 10:0:0 表示用户全部在近端；而覆盖等级 0、1、2 的用户比例为 5:3:2 表示近、中、远点都有用户，类似于均匀分布。

按 NB-IoT 用户每小时发送 100B 的话务模型，可以计算得到不同用户分布时各信道的连接数，即同时在线用户数，如表 3-13 所示。

表 3-13　NB-IoT 同时在线用户数规格

同时在线用户数	覆盖等级 10:0:0（全部在近点）	覆盖等级 5:3:2（均匀分布）
PRACH（随机接入信道）	113×10^3	14.2×10^3
PDSCH（下行业务信道）	176×10^3	11.1×10^3
PUSCH（上行业务信道）	246×10^3	8.3×10^3
每小时空口可接入连接数	113×10^3	8.3×10^3

当用户都在近点时，NB-IoT 的空口容量受限于随机接入信道 PRACH；当用户均匀分布时，NB-IoT 的空口容量受限于上行业务信

道 PUSCH。按照 3GPP 45.820 定义的 NB-IoT 用户接入间隔分布，可计算得出每用户每小时平均接入次数为 0.467。因此，按照每小时发送 100 字节，用户均匀分布，每小区支持的连接数为 17.7×10^3。

3.5.2　PRACH 信道容量规划

设 PRACH 话务模型中碰撞概率 P 与竞争前导码数量、每秒 PRACH 数量关系为：

$$P = 1 - e^{-G/(\text{竞争前导码数量} \times \text{每秒PRACH数量})}$$

则每秒接入次数为：

$$G = \ln\left(\frac{1}{1-P}\right) \times \text{竞争前导码数量} \times (1000/\text{PRACH周期})$$

每小时的接入次数为：

$$N = 3600 \times G$$

设定碰撞概率 P 在轻载时为 5%，重载时为 10%；竞争前导码数量为 12；PRACH 周期范围是 40～2560ms。

按照 12 个 PRACH 占用 12×3.75kHz，且与 PUSCH 预留 15kHz 保护带，在不同的覆盖等级下，PRACH 资源占用时长如表 3-14 所示。

表 3-14　不同覆盖等级 PRACH 资源占用时长

覆盖等级 0	11.2ms（普通 CP）、12.8ms（扩展 CP）	重复次数 2
覆盖等级 1	22.4ms（普通 CP）、25.6ms（扩展 CP）	重复次数 4
覆盖等级 2	179.2ms（普通 CP）、204.8ms（扩展 CP）	重复次数 32

用户模型一，用户均在近点（近、中、远点比例为 10:0:0）

碰撞概率为 10%，PRACH 周期设置为 40ms，每秒接入次数为：

$$G = \ln\left(\frac{1}{0.9}\right) \times 12 \times (1000/40) = 31.6$$

每小时的接入次数为：

$$N = 3600 \times G = 113760$$

PRACH 占用上行信道比例为：

$$\frac{12.8}{40} \times \frac{12 \times 3.75 + 15}{180} = 8.3\%$$

用户模型二，用户在小区中均匀分布（近、中、远点比例为 5:3:2）

碰撞概率 P 为 10%，PRACH 周期设置为 640ms，保证各位置用户均有机会接入，每秒接入次数为：

$$G = \ln\left(\frac{1}{0.9}\right) \times 12 \times (1000/640) = 1.975$$

各位置用户每小时的接入次数计算如下：

近点： $N = 3600 \times G = 7110$

中点： $N = 3600 \times G \times 3/5 = 4266$

远点： $N = 3600 \times G \times 2/5 = 2844$

合计每小时接入次数为 14220，即 14.2×10^3 次，PRACH 占用上行信道比例为：

$$\frac{12.8 + 25.6 + 204.8}{640} \times \frac{12 \times 3.75 + 15}{180} = 12.7\%$$

综上所述，PRACH 信道每小时接入能力为：当用户都在近点分布

时 113.7×10^3 次；均匀分布时 14.2×10^3 次。

3.5.3　PDSCH 信道容量规划

PDSCH 话务模型中，设定下行开销为：

公共信道 PSCH、SSCH、PBCH、系统消息（System Information，SI）开销 30%，调度效率为 70%；

下行发送消息：

RAR 随机接入响应，占用 160bit；

RRC 连接建立，占用 152bit；

RRC 连接释放，占用 64bit。

查 TB size 表，计算各位置用户占用 PDSCH 时间如表 3-15 所示。

表 3-15　各位置用户占用 PDSCH 时间

用户位置	重复次数	MCS 等级	单用户每次发包占用各信道时间/ms	
			PDSCH	PDCCH
近点	1	10	5	5
中点	1	1	13	18
远点	16	0	288	432

用户模型一，用户均在近点（近、中、远点比例为 10:0:0）

$$PDSCH下行容量=\frac{3600\times(1-30\%)}{1\times(5+5)}\times70\%=176\times10^3$$

用户模型二，用户在小区中均匀分布（近、中、远点比例为 5:3:2）

$$PDSCH下行容量=\frac{3600\times(1-30\%)\times1000}{0.5\times(5+5)+0.3\times(13+18)+0.2\times(288+432)}\times70\%$$
$$=11.1\times10^3$$

综上所述，PDSCH 信道每小时接入能力为：当用户都在近点分布时

176×10^3 次；均匀分布时 11.1×10^3 次。

3.5.4 PUSCH 信道容量规划

PUSCH 话务模型中，设定上行开销为：

PRACH 开销，不同 PRACH 周期，开销比例不同；调度效率为 70%；

上行发送消息：

RRC 连接请求，占用 88bit；

RRC 连接建立完成，占用 1304bit，包含数据。

查 TB size 表，计算各位置用户占用 PUSCH 时间如表 3-16 所示。

表 3-16　各位置用户占用 PUSCH 时间

用户位置	重复次数	MCS 等级	每次发包占用 PUSCH 时间/ms
近点	1	9	80
中点	2	0	896
远点	32	0	14336

用户模型一，用户均在近点（近、中、远点比例为 10:0:0），PUSCH 容量（Singletone 15kHz）为：

$$PDSCH容量 = \frac{3600 \times 12(1 - 8.3\%) \times 1000}{1 \times 80} \times 70\% = 346 \times 10^3$$

用户模型二，用户在小区中均匀分布（近、中、远点比例为 5:3:2），PUSCH 容量（Singletone 15kHz）为：

$$PDSCH容量 = \frac{3600 \times 12 \times (1 - 12.7\%) \times 1000}{0.5 \times 80 + 0.3 \times 896 + 0.2 \times 14336} \times 70\% = 8.3 \times 10^3$$

综上所述，PUSCH 信道每小时接入能力为：当用户都在近点分布

时 346×10^3 次；均匀分布时 8.3×10^3 次。

总结：NB-IoT 容量规划的核心是结合具体的业务模型计算得到每小区可支持的连接次数。比如在覆盖等级为 5:3:2 的均匀分布条件下，每个小区支持的用户数为 17.7×10^3，单站三小区支持的用户数为 5.31 万用户；假定网络待放号用户数为 1000 万，则需要的站点数目为 189 个基站。对于 eMTC，其连接数并未针对物联网应用做专门优化，目前预期其连接数将小于 NB-IoT 技术。

3.6 后续增强功能

为尽快抢占 LPWA 市场，NB-IoT R13 标准化在产业各方的努力下，在 6 个月内以超常规的速度完成。由于时间较紧，对于一些后续可能需要的特性，R13 版本的标准并未包含。由于在未来这些技术也有一定的应用场景，在后续版本的标准中将进行考虑与推动。

1. 定位

目前 LTE 的定位手段主要有以下几种，各种定位方式的性能及其应用于 NB-IoT 后可能出现的问题如表 3-17 所示。在 R13 版本中，为降低终端的功耗，在系统设计时，并未设计 SRS（Sounding Reference Signal，探测参考信号）。因此，若模块中没有集成 A-GNSS（Assisted Global Navigation Satellite System，辅助的全球导航卫星系统），表中 LTE 定位方式中的方式 1 不适用于 NB-IoT。方式 2 的 OTDOA Observed Time Difference of Arrival，到达时间差定位法）同样也不适用于

NB-IoT。也就是说，目前 NB-IoT 仅能通过基站侧 E-CID（E-UTRAN Cell Identifier）方式定位，精度较粗。由于目前垂直行业有较高的定位需求，在 R14 版本中将进一步考虑增强定位精度的特性与设计。

表 3-17　LTE 的定位方式

	定位方式	定位精度	成本	定位响应时间	应用于 NB-IoT 主要问题
1	A-GNSS	高	高	首次定位时间较长	增加终端成本及耗电，无法支持室内定位
2	OTDOA	中~50m	中	中 3~6s	增加占用资源及终端耗电
3	E-CID	中~较低；	低	短 1~2s	NB-IoT 中暂无法使用 AOA，精度会有一定程度地下降

2．多播（multi-cast）

在物联网业务中，基站有可能需要对大量终端同时发出同样的数据包，如：向小区下大量终端同时下发配置文件等。在 R13 版本无相应多播业务，在进行该类业务时需逐个向每个终端下发相应数据，浪费大量系统资源，延长整体信息传送时间。在 R14 版本中，有可能对多播特性进行考虑，以改善相关性能。

3．Non-Anchor PRB 增强

在 R13 版本中，为了负载均衡，NB-IoT 支持多 PRB 传输。但 PBCH、同步、paging、PRACH 等只允许在 anchor PRB 上发送，Non-Anchor PRB 上仅仅发送用户数据。考虑到 anchor PRB 上资源有限，当连接数大量增长时，paging 和 PRACH 资源受限，因此在 R14 阶段考虑 Non-Anchor PRB 增强，允许 paging 和 PRACH 在 Non-Anchor PRB 上发送。

4．移动性/业务连续性增强

R13 版本中 NB-IoT 主要针对静止/低速用户的设计和优化，不支持邻区测量上报，因此无法进行连接态小区切换，仅支持空闲态小区重选。R14 阶段会增强 UE 测量上报功能，支持连接态小区切换。

5．对语音支持能力

对于标清与高清的 VoIP 语音,其语音速率分别为 12.2kbit/s 与 23.85kbit/s。

若考虑 RoHC 及 40%的静默期，转换为应用层速率分别为

12.2kbit/s 时：$(600ms/20ms) \times 343 + (400/160) \times 141 = 10.6kbit/s$

23.85kbit/s 时：$(600ms/20ms) \times 578 + (400/160) \times 141 = 17.7kbit/s$

也就是说,全网至少需提供 10.6kbit/s 与 17.7kbit/s 的应用层速率,方可支持标清与高清的 VoIP 语音。NB-IoT 的峰值上下行吞吐率仅为 67kbit/s 与 30kbit/s,因此,在组网环境下,无法对语音功能进行支持。而对于 eMTC FDD 模式，如前所述，其上下行速率基本可满足语音的需求,但从产业角度来看,目前支持情况有限,对于 eMTC TDD 模式，由于上行资源数受到限制，其语音支持能力较 eMTC FDD 模式弱。

　　通信系统中，信令是通信实体之间传递信息的载体，流程是信令流转的过程。通信过程中任何一个简单的现象，都存在复杂的信令流程交互。割裂地去看每条信令没有任何意义，以现象为入口（例如数据传输），以信令为准绳，通观整体流程，才能对 NB-IoT 的信息交互行为有更加深刻的认知。

第 4 章

NB-IoT 移动性管理

4.1　NB-IoT 网络结构

4.1.1　蜂窝物联网网络结构

蜂窝物联网（Cellular Internet of Thing, CIoT）的网络架构和 4G 网络架构基本一致，包括移动性管理设备（Mobility Management Entity, MME）、服务网关（Serving Gateway, S-GW）、PDN 网关（PDN GW, P-GW）、业务能力开放单元（Service Capability Exposure Function, SCEF）、用于存储用户签约信息的归属用户服务器（Home Subscriber Server, HSS）、CIoT 基站、CIoT 终端和应用服务器（Application Server, AS）。如果支持短消息，CIoT 网络还将包含 MSC Server 和短消息中心，CIoT 网络结构如图 4-1 所示。

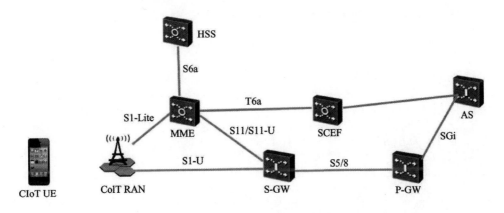

图 4-1　CIoT 网络总体架构

CIoT 网络中的 SCEF 除了能力开放功能外，还可以支持 Non-IP 数据的传输。从系统架构图看，NB-IoT 系统架构与 LTE 系统架构相

比有如下不同：

1）增加了业务能力开放功能 SCEF 网元，支持对于新的 PDN 类型非 IP（Non-IP）的控制面数据传输。

2）增加了移动性管理实体（MME）与短信中心（SMSC）之间的 SGd 接口，支持终端进行非联合附着的短信传输。

相对于 LTE 核心网，CIoT 核心网有很大的优化和改动，从而适应 CIoT 终端低速数据传输的需求，辅助终端达到省电省成本的目的。具体优化包括控制面数据传输方案、用户面优化传输以及两者的转换、Non-IP 数据传输、短消息、PSM 和 eDRX、速率控制等。

4.1.2　NB-IoT 传输方式

为了解决现有蜂窝网传输方式功耗高、无法支持长续航的缺点，NB-IoT 通过简化系统流程、加快传输速度等方式来降低终端功耗，提高续航能力，满足物联网业务的长续航需求。

从传输内容看，可以传输三种数据类型，分别为 IP、非 IP（Non-IP）和短消息（SMS）。IP 传输与 LTE 下传输的差异不大，SMS 传输方式相比传统有一定的改动。

非 IP 类型的传输为 NB-IoT 新引入的数据类型，如果终端采用该类型的传输，在 PDN 连接过程中网络不为终端分配 IP 地址，该数据类型的传输有两条路径，一条为通过传统的 IP 类型的传输路径；另一条为通过新引入的 SCEF 进行传输。非 IP 类型数据的路由有两种方式，一种为在 PDN 连接建立过程中 P-GW 为终端分配 IP 地址，但该地址不传输给 UE，只保存在 P-GW 内部，P-GW 后的选址与原 LTE 相同；

另一种方式为采用绑定的方式，采用上层应用的标识进行寻址。将 UE 传输的数据与 SCEF 及 AS 绑定。

NB-IoT 传输方式可分为三类：控制面传输、用户面传输和短消息传输。下面将针对这三类传输方式展开介绍。

1．控制面传输

由于 CIoT 终端大部分时候都是小包传输，并且发包间隔较长，为了节省开销，提出了控制面数据传输方案。控制面数据传输方案针对小数据传输进行优化，支持将 IP 数据包、非 IP 数据包或 SMS 封装到 NAS 协议数据单元（PDU）中传输，无须建立数据无线承载（DRB）和基站与 S-GW 之间的 S1-U 承载，节省了终端和系统的开销，简化了终端和网络的实现，节省了端到端各网元的成本。

控制面数据传输是通过 RRC、S1-AP 协议进行 NAS 传输，并通过 MME 与 S-GW 之间，以及 S-GW 与 P-GW 之间的 GTP-U 隧道来实现。对于非 IP 数据，也可以通过 MME 与 SCEF 之间的连接来实现。

当采用控制面优化时，MME 应支持封装在 NAS PDU 中的小包数据传输；并通过与 S-GW 之间建立 S11-U 连接，完成小包数据在 MME 与 S-GW 之间的传输。

对于 IP 数据，UE 和 MME 可基于 RFC 4995 定义的 ROHC 框架执行 IP 头压缩。对于上行数据，UE 执行 ROHC 压缩器的功能，MME 执行 ROHC 解压缩器的功能。对于下行数据，MME 执行 ROHC 压缩器的功能，UE 执行 ROHC 解压缩器的功能。通过 IP 头压缩功能，可以有效节省 IP 头的开销，提高数据传输效率。

控制面传输主要通过在信令消息中进行数据传输，直接将数据包含在 NAS（非接入层）信令消息中进行传输，不需要进行用户面建立，控制面传输信令流程如图 4-2 所示。

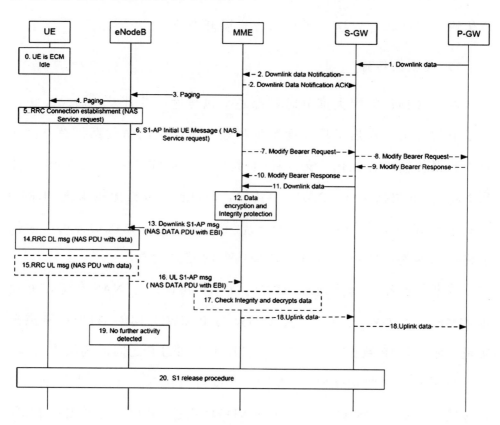

图 4-2　NB-IoT 控制面传输信令流程

1～2 步：P-GW 发送下行数据给 S-GW，并通知 MME。

3～4 步：MME 发起对 UE 的寻呼过程。

5～6 步：UE 进行 RRC 连接过程，将 UE 从 idle 态变为 connect 态，同时建立 S1 连接。

7～10 步：MME 完成与 S-GW 的用户面建立过程，S-GW 完成与

P-GW 的用户面建立过程。

11～14 步：S-GW 将数据通过用户面发送到 MME，MME 通过 NAS 消息将数据发送到 UE。

15～18 步：UE 将上行数据通过 NAS 消息发送到 MME，MME 通过用户面将数据发送到 P-GW。

19～20 步：进行 RRC 连接及 S1 连接的释放。

2．用户面传输

为了使空闲态用户快速恢复到连接态，并减少终端和网络交互的信令，提出了用户面数据优化传输方案。

终端从连接态进入空闲态时，eNodeB 通过 Connection Suspend 流程挂起 RRC 连接，eNodeB 存储该终端的 AS 信息、S1AP 关联信息和承载上下文，终端存储 AS 信息，MME 存储该终端的 S1AP 关联信息和承载上下文。

当终端处于空闲态时，如果终端有上行数据需要发送，或者收到网络的寻呼信令，终端将发起 Connection Resume 流程，快速的恢复 UE 和 eNodeB 之间的 RRC 连接，以及 eNodeB 和 MME 之间的 S1 连接，而无须使用 Service Request 流程来建立 eNodeB 与 UE 间的接入层（AS）上下文。

为维护 UE 在不同 eNodeB 间移动时用户面优化数据传输方案，eNodeB 上挂起的 AS 上下文信息应通过 X2 接口在 eNodeB 间传送。

用户面传输过程通过优化现有传输方式，终端需要传输数据时，需要分为两个过程：一个是挂起流程，另一个是恢复流程。

（1）挂起流程

终端与网络建立好接入层（Access Stratum，AS）信息后，基站发起挂起流程后，UE 存储相关的 AS 层信息，如：承载信息及安全信息，基站存储相关的 AS 信息及 S1AP 的关联信息。UE 进入 Idle 状态相关存储的信息不删除，进行恢复时不需要重新进行这些相关信息的建立，直接进行恢复。用户面传输挂起流程如图 4-3 所示。

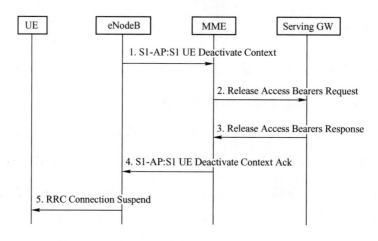

图 4-3　NB-IoT 用户面传输挂起信令流程

具体流程解释为：

1 步：基站 eNodeB 向 MME 发送 S1 UE 去激活背景请求。

2-3 步：MME 与 S-GW 之间进行释放接入承载，释放 S1-U 承载信息。

4 步：MME 向基站回复 S1 UE 去激活背景响应。

5 步：MME 向 UE 发送 RRC 连接挂起消息，UE 进入空闲态。

（2）恢复流程

终端与网络挂起后，终端需要发送数据时，直接发起恢复流程，终端和基站直接进行相关信息的恢复，不再需要重新进行承载建立及

安全信息的重协商。直接进行恢复加快了恢复速度同时节省了信令。
用户面传输恢复流程如图 4-4 所示。

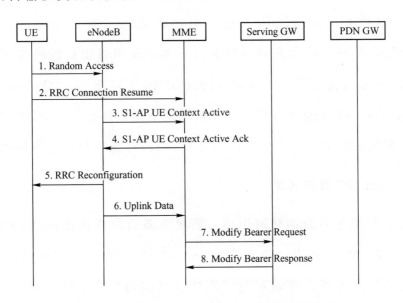

图 4-4　NB-IoT 用户面传输恢复信令流程

具体流程解释为：

1-2 步：UE 发送随机接入，发起 RRC 连接恢复。

3-4 步：基站与 MME 间进行 S1-AP UE 上下文激活。

5 步：RRC 连接重配置。

6 步：上行数据发送。

3．控制面与用户面传输并存

控制面方案适合传输小包数据，而用户面方案适合传输大包数据。当用户采用控制面方案传输数据时，如果有大包数据传输需求，则可由终端或者网络发起由控制面方案到用户面方案的转换，此处的用户面方案包括普通用户面方案和优化的用户面方案。空闲态用户通

过 Service Request 流程发起控制面到用户面方案的转换，MME 收到终端的 Service Request 后，需删除和控制面方案相关的 S11-U 信息和 IP 头压缩信息，并为用户建立用户面通道。

连接态用户的控制面到用户面方案的转换可以由终端通过 Control Service Request 流程发起，也可以通过 MME 直接发起。MME 收到终端 Control Service Request 消息，或者检测到下行数据包较大时，删除和控制面方案相关的 S11-U 信息和 IP 头压缩信息，并为用户建立用户面通道。

4．Non-IP 数据传输

为了支持更多的物联网应用，适配更多的数据传输格式，CIoT 引入了对 Non-IP 数据传输的支持。Non-IP 数据是非 IP 结构化的数据，数据包的格式可以由终端和应用服务器之间自定义，网络为其提供传输的通道和路由。在核心网侧，目前存在经过 SCEF 的 Non-IP 数据传输和经过 P-GW 的 Non-IP 数据传输两大方案。

经过 SCEF 实现 Non-IP 数据传输方案，基于在 MME 和 SCEF 之间建立的指向 SCEF 的 PDN 连接，该连接实现于 T6a 接口，在 UE 附着时，UE 请求创建 PDN 连接时被触发建立。UE 并不感知用于传输 Non-IP 数据的 PDN 连接是指向 SCEF 的还是指向-P-GW 的，网络仅向 UE 通知某 Non-IP 的 PDN 连接使用控制面优化方案。

在 T6a 接口上，使用 IMSI 来标识一个 T6a 连接/SCEF 连接所归属的用户，使用 EPS 承载 ID 来标识 SCEF 承载。在 SCEF 和 SCS/AS 间，使用 UE 的 External Identifer 或 MSISDN 来标识用户。

经过 P-GW 的 Non-IP 数据传输，目前存在两类传输方案：一种

是基于 UDP/IP 的 PtP 隧道方案，另一种是其他类型的 PtP 隧道方案。无论是用户面优化的数据传输还是控制面数据传输，都可以使用 SGi 接口的 non-IP 数据传输方式。在 PDN 连接建立的时候，P-GW 根据预配置的信息决定使用什么传输方案。

（1）基于 UDP/IP 的 PtP 隧道方案

1）在 P-GW 上，预先配置 AS 的 IP 地址，如以 APN 为粒度进行配置。

2）UE 发起附着并建立 PDN 连接后，P-GW 为 UE 分配 IP 地址（该 IP 不返回给 UE），并建立（GTP 隧道 ID，UEIP）映射表。P-GW 不会同时分配 IPv4 和 IPv6 地址，而是只会分配一个地址。

3）对于上行数据，P-GW 收到 UE 侧的 Non-IP 数据后，将其从 GTP 隧道中剥离，并加上 IP 头（源 IP 为 P-GW 为 UE 分配的 IP，目的 IP 为 AS 的 IP），然后经由 IP 网络发往 AS。

4）对于下行数据，AS 收到 Non-IP 地方数据，使用 P-GW 为终端分配的 IP 和 3GPP 定义的为 non-IP 传输定义的 UDP 端口对进行 UDP/IP 封装。P-GW 解封装（删除 UDP/IP 头）之后在 3GPP 的 GTP 隧道中传输。

（2）基于其他类型的 PtP 隧道方案

SGi 的 PtP 隧道还支持例如 PMIPv6/GRE、L2TP、GTP-C/U 等。基本的实现机制如下：

1）在 P-GW 和 AS 之间建立点到点的隧道，根据 PtP 隧道类型的不同，可能建立的时间不同：可以在附着的时候建立，或者等到第一次发起 MO 数据的时候建立。P-GW 根据本地配置选择合适的 AS，可

以基于 APN 粒度，或者基于 AS 支持的 PtP 隧道类型。P-GW 不需要为 UE 分配地址。

2）对于上行 non-IP 数据，P-GW 在 PtP 隧道上将 non-IP 数据发送给 AS。

3）对于下行 non-IP 数据，AS 需要根据一个索引来定位对应的 SGi PtP 隧道（可以是 UE 的标识），并将下行数据发送给 P-GW，P-GW 收到后在 3GPP 的 GTP 隧道中传输。

5．短消息传输

核心网为 CIoT 终端提供短消息业务存在以下两种技术方案：即基于 SGs 接口的短消息方案或基于 SGd 接口的短消息方案，而核心网提供短消息业务的技术方案对 UE 来说是不可见的。不管采用哪种方案，CIoT 终端在请求短消息业务可以仅使用 EPS 域附着或 TAU 流程，而无须使用传统 CSFB 方案中的联合 EPS/IMSI 附着或 TAU 流程。

1）基于 SGs 接口的短消息方案，采用传统 CSFB 网络架构，MME 通过与 MSC 间的 SGs 接口，将短消息业务交由 MSC 进行控制，而 MSC 到 HSS/HLR 和 SMS-SC 的接口及信令流程与传统 CSFB 短消息业务处理机制相同。

2）基于 SGd 接口的短消息方案，MME 直接执行短消息业务的控制和处理，通过 MME 与 HSS 间的 S6a 接口，MME 接收到用户短消息签约信息；通过 MME 与 SMS-SC 间的 SGd 接口，MME 直接与 SMS-SC 进行短消息的收发操作；通过 HSS 与 SMS-SC 间的 S6c 接口，SMS-SC 获取处理被叫短消息业务所需路由信息。

NB-IoT 对于短消息有一定的修改，主要包括两部分：

1）在 LTE 下终端如果需要注册短消息功能，需要在 attach 过程中发起联合附着过程（combined EPS/IMSI attach）；而在 NB-IoT 下只需要进行 EPS attach 过程，降低终端实现复杂度。

2）增加 MME 与 SMSC 之间的直接接口 SGd，MME 与 SMSC 间直接传送短信，不经过 MSC 中转。

4.1.3　NB-IoT 传输路径

将 NB-IoT 传输数据类型与传输方式组合可划分为如下 7 种传输路径及方式：

1）Non-IP 控制面传输方式 1，即通过 SCEF 进行 Non-IP 数据类型的控制面传输。

2）Non-IP 控制面传输 2，即通过传统的路径进行 Non-IP 数据类型的控制面传输。

3）Non-IP 用户面传输，即通过传统的路径进行 Non-IP 数据类型的用户面传输。

4）IP 控制面传输方式，即通过传统的路径进行 IP 数据类型的控制面传输。

5）IP 用户面传输方式，即通过传统的路径进行 IP 数据类型的用户面传输。

6）SMS 传输方式 1，即通过新增的 SGd 接口进行 SMS 的传输。

7）SMS 传输方式 2，即通过传统 SGs 接口进行 SMS 的传输。

因为 NB-IoT 添加了多种传输方式，对端到端网元有影响，Non-IP

传输方式对端到端的网元的影响如表 4-1 所示。

表 4-1　Non-IP 传输的端到端影响

传输方式	Non-IP 控制面传输（使用 SCEF）	Non-IP 控制面传输（使用 SAE GW）	Non-IP 用户面传输
UE	1.支持非 IP 数据类型 2.支持使用信令进行数据传输，支持新的消息 3.不建立 DRB	1.支持非 IP 数据类型 2.支持使用信令进行数据传输，支持新的消息 3.不建立 DRB	1.支持使用信令进行数据传输，支持新的消息 2.不建立 DRB 3.支持头压缩
eNodeB	1.进行 MME 选择 2.无 S1 用户面 3.不建立 DRB	1.进行 MME 选择 2.无 S1 用户面 3.不建立 DRB	1.进行 MME 选择 2.保存 UE 背景 3.支持新的流程
MME	1.支持用户面数据传输 2.新增 T6a 接口	1.支持 MME 与 SAE GW 之间的用户面数据传输 2.新增对于 PDN 类型为 Non-IP 的数据类型处理	1.新增对于 PDN 类型为 Non-IP 的数据类型处理 2.需复用现有流程进行 UE Context 传输
SCEF	1.网元需新建 2.需新增与 MME 的 T6a 接口 3.需新增与 AS 间接口 4.需新增计费功能	N/A	N/A
SAE-GW	不需要	1.新增对于 PDN 类型为 Non-IP 的数据类型 2.建立 SGi 接口的 PtP 隧道	1.新增对于 PDN 类型为 Non-IP 的数据类型 2.建立 SGi 接口的 PtP 隧道
HSS	新增签约数据	新增签约数据	新增签约数据

IP 传输方式以及短消息传输方式对端到端的网元的影响如表 4-2 所示。

表 4-2　IP 及短消息传输方式的端到端影响

传输方式	IP 控制面传输	IP 用户面优化后传输	SMS（SGs）	SMS（SGd）
UE	1.支持使用信令进行数据传输，支持新的消息 2.不建立 DRB 3.支持头压缩	1.支持新的流程 2.支持新的消息	1.支持非联合附着 2.支持无 PDN 连接	1.支持非联合附着 2.支持无 PDN 连接
eNB	1.进行 MME 选择 2.无 S1 用户面 3.不建立 DRB	1.进行 MME 选择 2.保存 UE 背景 3.支持新的流程	无 S1 用户面（sms only）	无 S1 用户面（sms only）
MME	1.支持与 SAE GW 之间的用户面数据传输 2.支持头压缩	需复用现有流程进行 UE Context 传输	1.支持非联合附着 2.支持无 PDN 连接	1.支持非联合附着 2.支持无 PDN 连接 3.新增与 SMSC 的接口
SCEF	N/A	N/A	N/A	N/A
SAE-GW	N/A	N/A	N/A	N/A
HSS	新增签约数据	新增签约数据	无	无

NB-IoT 通过简化信令、在信令中传输数据、简化终端实现等方式，加快数据传输速度，提高资源利用效率，降低终端功耗。

4.2　NB-IoT 移动性管理

4.2.1　NB-IoT 移动性管理

NB-IoT 最初设计是针对电力抄表、水务监测等静止设备，因此 NB-IoT 是不支持移动性的。3GPP R13 版本下，NB-IoT 在连接态下无法进行小区切换或重定向，仅能在空闲态下进行小区重选。在后续版本中，产业界有可能针对某些垂直行业需求，提出连接态移动性管理的需求。对于 eMTC，由于该技术是在 LTE 基础上进行优化设计的，可支持连接态小区切换。

本节介绍 NB-IoT 移动性管理是指 NB-IoT 终端在空闲态、连接态下的管理。

NB-IoT 终端在空闲态的活动与传统 LTE 终端类似，主要包括陆地公众移动网络（Public Land Mobile Network，PLMN）选择、小区选择和重选、跟踪区注册。

PLMN 选择是指当 UE 开机或者从无覆盖的区域进入覆盖区域，首先选择最近一次已注册过的 PLMN，或者等级别的 PLMN（Equivalent Public Land Mobile Network，EPLMN）列表中的 PLMN，并尝试在选择的 PLMN 注册。

NB-IoT 终端通过漫游注册到一个访问 PLMN（VPLMN）后，会周期性地搜索归属 PLMN（HPLMN），尝试重新回到 HPLMN。周期搜

索 HPLMN 的时间长度由运营商控制，存储在 USIM 卡中。为了节省耗电，NB-IoT 终端的搜索周期比 LTE 长，周期长度取值范围为 2～240h。如果在 USIM 卡中未配置，则默认为 72h。

小区选择和重选过程与传统 LTE 网络类似，遵循 S 准则与 R 准则。小区搜索的过程主要包括 UE 与小区取得时间和频率同步，得到物理小区标识，根据物理小区标识，获得小区信号质量与小区其他信息。

小区选择和小区重选等相关信息通过系统消息在广播信道上向 UE 广播，寻呼消息会告知小区内所有的 UE 系统消息是否变化以及传递寻呼 UE 的消息。

4.2.2 LTE 网络的寻呼管理

1. 寻呼消息的发送

寻呼是为了发送寻呼消息给某空闲态的 UE，或者系统消息变更时通知 EPS 移动性管理（EPS Mobility Management，EMM）注册态的 UE。寻呼消息根据使用场景既可以由 MME 触发也可以由 eNodeB 触发。

MME 发送寻呼消息时，eNodeB 根据寻呼消息中携带的 UE 的 TAL 信息，通过逻辑信道 PCCH 向其下属于 TAL 的所有小区发送寻呼消息寻呼 UE。用户寻呼空口下发次数可通过参数 PagingSentNum 配置，以增加 UE 收到寻呼消息的概率。

系统消息变更时，eNodeB 将通过寻呼消息通知小区内的所有 EMM 注册态的 UE，并在紧随下一个系统消息修改周期中发送更新的系统消息。eNodeB 要保证小区内的所有 EMM 注册态 UE 能收到系统消息，也就是 eNodeB 要在 DRX 周期下所有可能时机发送寻呼消息。

TD-LTE 系统中的寻呼消息由网络向空闲态或连接态的 UE 发起。在 TA 范围内，Paging 消息会在 UE 注册的所有小区发送，有两种触发方式。

UE 在 IDLE 模式下，当网络需要给该 UE 发送数据（业务或者信令）时，发起 S_TMSI 寻呼过程；当网络发生错误需要恢复时（如 S-TMSI 不可用），可发起 IMSI 寻呼，UE 收到后执行本地 detach，然后再开始 attach。

核心网触发 Paging 消息的流程如图 4-5 所示，eNodeB 触发为通知系统消息更新以及通知 UE 接收 ETWS 等信息。

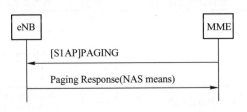

图 4-5　核心网触发 Paging 消息

在 S1AP 接口消息中，MME 对 eNB 发 Paging 消息，每个 Paging 消息携带一个被寻呼 UE 信息。eNB 读取 Paging 消息中的 TA 列表，并在其下属于该列表内的小区进行空口寻呼。若之前 UE 已将 DRX 消息通过 NAS 信令上报 MME，则 MME 会将该信息通过 Paging 消息告知 eNB。

空口进行寻呼消息的传输时，eNB 将具有相同寻呼时机的 UE 寻呼内容汇总在一条寻呼消息里。寻呼消息被映射到 PCCH 逻辑信道中，并根据 UE 的 DRX 周期在 PDSCH 上发送。

2．寻呼消息的读取

TD-LTE 系统中 UE 寻呼消息的接收遵循 DRX 的原则，如图 4-6 所示。

UE 根据 DRX 周期在特定时刻通过 P-RNTI 读取 PDCCH

UE 根据 PDCCH 的指示读取相应 PDSCH，并将解码的数据通过寻呼传输信道（PCH）传到 MAC 层。PCH 传输块中包含被寻呼 UE 标识（IMSI 或 S-TMSI），若未在 PCH 上找到自己的标识，UE 再次进入 DRX 状态

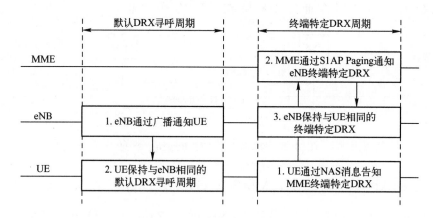

图 4-6　寻呼消息的读取

TD-SCDMA 系统中 UE 也遵循 DRX 周期读取寻呼消息，但有专用的寻呼信道——PICH 物理信道和 PCH 逻辑信道，且 CS 域和 PS 域是一个寻呼。而在 TD-LTE 系统中，寻呼信息是占用共享信道资源，与有专用寻呼信道有很大的不同。

3．空口寻呼机制

空闲状态下，UE 以 DRX 方式接收寻呼信息以节省耗电量。寻呼

信息出现在空口的位置是固定的，以寻呼帧（Paging Frame，PF）和寻呼时刻（PagingOccasion，PO）来表示。如图 4-7 所示，一个寻呼帧（PF）是一个无线帧，可以包含一个或多个寻呼时刻（PO）。

寻呼时刻（PO）是寻呼帧中的一个下行子帧，其中包含寻呼无线网络临时标识（Paging Radio Network Temporary Identity，P-RNTI）的信息，在 PDCCH 上传输。P-RNTI 在协议中被定义为固定值。UE 将根据 P-RNTI 从 PDSCH 上读取寻呼消息。

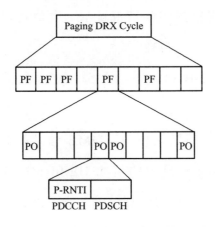

图 4-7　寻呼机制示意图

PF 的帧号和 PO 的子帧号可通过 UE 的 IMSI、DRX 周期以及 DRX 周期内 PO 的个数来计算得出。帧号信息存储在 UE 的 DRX 参数相关的系统信息中，当这些 DRX 参数变化时，PF 和 PO 的帧号也随之更新。

PF 的帧号 SFN 的计算公式为：SFN mod T= (T div N)×(UE_ID mod N)。

PO 的子帧号 i_s 的计算公式为：i_s = (UE_ID/N) mod Ns。

公式中的相关参数如下：

- T：T 是 DRX 周期，由 UE 特定的最短 DRX 周期所决定，可以由 NAS 层指示，也可通过参数默认 DRX 周期 DefaultPagingCycle 决定。如果 NAS 层指示了 DRX 周期，则比较 DefaultPagingCycle 与 NAS 层指示的 DRX 周期，UE 采用两者中较小的 DRX 周期。若 NAS 没有指示，则由参数 DefaultPagingCycle 决定，通过系统消息下发给 UE。

- $N=\min(T, NB)$：参数 NB 是一个 DRX 周期内 PO 的个数，可在 eNodeB 侧根据实际情况配置，取值可以是 4T、2T、T、T/2、T/4、T/8、T/16、T/32。

- $Ns = \max(1, NB/T)$。

- UE_ID=IMSI mod 1024。如果 UE 在没有 IMSI 的情况下紧急呼叫，UE_ID 使用默认值 0。MME 触发的寻呼，UE_ID 对应为 S1 接口 Paging 消息中的信元 UE Identity IndexValue。eNodeB 触发的寻呼，没有 UE_ID，UE 使用默认 UE_ID=0。

eNodeB 收到发送寻呼消息指示，从下个 PO 开始，在每个 PO 上生成一个寻呼消息，填写 system Info Modification，持续一个 DRX 周期；或者计算 UE 的最近一个 PO，生成一个寻呼消息，填写 Paging Record，如果这个 PO 上已经有其他 UE 的 Paging Record 或者 systemInfo Modification，则进行合并后再发送。

UE 使用空闲模式 DRX 来降低功耗。在每个 DRX 周期，UE 只会在自己的 PO 去 PDCCH 信道读取 P-RNTI，根据 P-RNTI 从 PDSCH 信道读取寻呼消息包。而不同的 UE，可能会有相同的 PO，这样，当它们在同一个 DRX 周期内被 MME 寻呼时，RRC 层需要将它们的

寻呼记录合并到同一个寻呼消息中。相同地，当某些特定 UE 的寻呼和系统消息改变触发的群呼同时发生时，RRC 层也需要合并 Paging 消息。

RRC_IDLE 状态的 UE 在每个 DRX 周期内的 PO 子帧打开接收机侦听 PDCCH。UE 解析出属于自己的寻呼时，UE 向 MME 返回的寻呼响应将在 NAS 层产生。UE 响应 MME 的寻呼体现在 RRC Connection Request 消息信元 Establishment Cause 值为 mt-Access。

当 UE 未从 PDCCH 解析出 P-RNTI 或者 UE 解析出了 P-RNTI，但未发属于自己的 PagingRecord 时，UE 立即关闭接收机，进入 DRX 休眠期以节省电力。

4.2.3　NB-IoT 寻呼管理

1．eDRX 功能

3GPP 协议定义空闲态 eDRX 功能，将 NB-IoT 的寻呼周期从传统的 2.56s 延长到最大 2.92h，减少空闲态 UE 周期监听寻呼信道的次数，能长时间处于低功耗深睡眠状态，节省 UE 耗电。

eDRX 功能的增益包括两个方面：

● 相比传统寻呼 DRX，UE 休眠周期更长，更省电。

● 相比 PowerSavingMode 模式，UE 支持周期监听寻呼信道，能够及时响应被叫业务。

eDRX 比 PSM 增加的耗电比例情况如图 4-8 所示。eDRX 周期越长，UE 耗电越小，和 PSM 的耗电越接近。

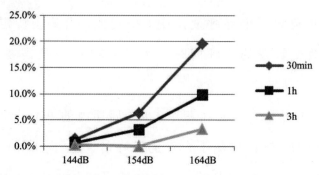

图 4-8 eDRX 不同周期的耗电情况

eDRX 寻呼周期比较长，eDRX 为此引入超帧（Hyper-SFN, H-SFN），如图 4-9 所示，1Hyper-SFN=1024SFN=10.24s。eDRX 周期的取值以超帧为单位，取值范围为 $\{10.24s \ast 2^i\}$，i 取值为 1～10，最长可达 2.92h。

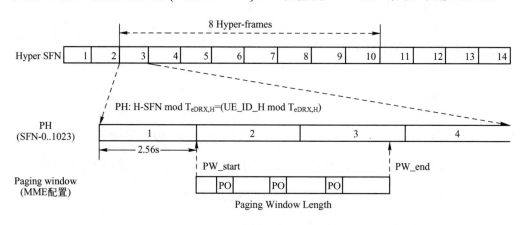

图 4-9 eDRX 超帧示意图

eNodeB 在系统消息中广播 H-SFN 帧号，UE 接收 H-SFN 帧号。当有 eDRX 寻呼时，eNodeB 计算 UE 的寻呼时间并下发寻呼。UE 也按照相同算法计算寻呼监听时间去接收寻呼消息。

PH 计算过程中，H-SFN 需满足以下条件：

H-SFN mod T eDRX,H = (UE_ID mod T eDRX,H), where

– UE_ID: IMSI mod 1024

T eDRX,H : eDRX cycle of the UE in Hyper-frames, (T eDRX,H =1, 2, …, 256 Hyperframes)(for NB-IoT, TeDRX,H =2, …, 1024 Hyper-frames) and configured by upper layers.

PTW_start 表示 PH 的第一无线帧，PTW 和 SFN 需满足以下条件：

SFN = 256* i eDRX , where – i eDRX = floor(UE_ID/T eDRX,H) mod 4

PTW_end 表示 PTW 和 SFN 的最后无线帧：

SFN = (PTW_start + L*100 – 1) mod 1024, where – L = Paging Time Window length (in seconds) configured by upper layers

由于 eDRX 寻呼周期长，MME 不可能在接收到寻呼消息后就直接下发给 eNodeB 处理（缓存受限、响应时间长），而是要等到 UE 的寻呼周期到来之前才下发。为了估算 UE 的寻呼时间，MME 需要使用和 eNodeB 相同的 H-SFN 号。即 MME 和 eNodeB/UE 要保持 H-SFN 同步关系。

PTW 寻呼时间窗口是 eDRX UE 监听寻呼消息的时间。由 MME 配置给 UE。UE 只在 PTW 窗口内唤醒，按普通寻呼方式监听寻呼消息，直到接收到寻呼消息，或 PTW 结束。网络侧可以在 PTW 窗口内重发寻呼消息，提高寻呼成功率。目前基站侧不支持重发，都由核心网负责重发。

PTW 长度为 2.56s 的整数倍，最长为 16 个 2.56s，即 40.96s。eNode 和 UE 根据 eDRX 周期 TeDRX, H 和寻呼窗口长度 L，计算 PTW 的起始位置和结束位置。

UE_ID_H 是 S-TMSI 用 CRC-32 计算出的 HASH ID。eDRX 只支持 S-TMSI 寻呼，不支持按 IMSI 寻呼。

2．空闲态 eDRX 寻呼流程

eNodeB 在 MIB 和 SIB1 广播 Hyper-SFN 超帧号，UE 获取超帧号。

当 UE 要使用 eDRX 时，UE 在 attach request/TAU request 中携带 eDRX 周期长度，发送给 MME。

若 MME 接受 UE 的 eDRX 请求，根据本地策略可给 UE 配置不同的 eDRX 周期和 PTW 寻呼时间窗口长度，在 Attach Accept/TAU Accept 中携带给 UE。如果 MME 拒绝 UE 的 eDRX 请求，UE 将使用传统的寻呼 DRX 机制。

当 S-GW 有数据到达时，通知 MME。MME 根据 UE 的 eDRX 周期计算出 UE 接收寻呼的超帧 Hyper-SFN 和寻呼帧 PH。在 UE 的寻呼帧时间到达之前，将寻呼消息下发给 eNodeB。

eNodeB 接收到寻呼消息后，根据消息中包含的 eDRX 周期计算出超帧和寻呼帧的时间，根据基站配置的寻呼周期计算出 UE 接收寻呼的时间（寻呼机会 PO），然后在此时间将寻呼消息下发给 UE。

UE 使用和 eNodeB 同样的办法，计算寻呼下发时间，在此时间内监听，并从 eNodeB 获得下发的寻呼消息。

在通信系统中，运营商首要关注的就是规划投资。而对以"物"为核心的通信网络来说，后期的网络优化不像以"人"为核心的通信网络那么看重用户感知。换句话就是，"物"不说话，也不怎么会"投诉"。另外，基于 NB-IoT 的物联网移动性特征并不那么明显，因此，面对一众"哑"物联网设备，前期的规划尤为重要。对于传统的网络优化工程师而言，学习一点规划的知识就显得更加重要了。

第 5 章

NB-IoT 网络规划管理

5.1 NB-IoT 网络规划

5.1.1 NB-IoT 网络架构

NB-IoT 整体网络架构主要分为 5 部分：终端侧、无线网侧、核心网侧、物联网支撑平台及应用服务器，网络结构如图 5-1 所示。

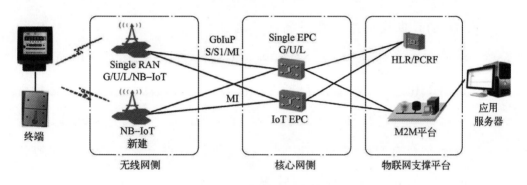

图 5-1 NB-IoT 网络架构

其中终端侧包括实体模块（如水表、煤气表）、传感器、无线传输模块。

无线侧包括两种组网方式，一种是 Single RAN（Single Radio Access Network，整体式无线接入网），其中包括 2G/3G/4G 以及 NB-IoT 无线网；另一种是 NB-IoT 新建。

核心网侧网元包括两种组网方式，一种是整体式的演进分组核心网（Evolved Packet Core, EPC）网元，包括 2G/3G/4G 核心网；另一种是物联网核心网。

物联网支撑平台包括 HLR（Home Location Register，归属位置寄存器）、PCRF（Policy Control and Charging Rules Function，策略控制和计费规则功能单元）、M2M（Machine to Machine，物联网）平台。

终端侧主要包含行业终端与 NB-IoT 模块，其中，行业终端包括：芯片、模组、传感器接口、终端等，NB-IoT 模块包括无线传输接口、软 SIM 装置、传感器接口等。

无线网侧作为通道，计划采用多模设备逐步开通 NB-IoT、eMTC 及 FDD-LTE 多模网络，通过新建实现。

核心网侧通过 IoT EPC 网元，以及 GSM、UTRAN、LTE 共用的 EPC，来支持 NB-IoT 和 eMTC 用户接入；核心网负责移动性、安全、连接管理，支持终端节能特性，支持拥塞控制与流量调度以及计费功能。

业务平台有自有平台，也可以接入第三方平台，支持应用层协议栈适配，终端设备、事件订阅管理、大数据分析等。

上述整体网络架构解决方案可分两阶段进行：

第一阶段，实现端到端服务：终端侧、无线测、核心网、应用平台的无缝连接，积累物联网端到端综合解决方案的经验。

第二阶段，积累业务运营经验：通过核心网与业务支撑系统（Business and Operation Support System, BOSS）的对接、核心网与物联云平台的对接、业务支撑网与物联云平台的对接、物联云平台与应用服务平台的对接、网管与现网的融合等，积累业务运营的实践经验。

5.1.2　NB-IoT 网络规划过程

1．核心网规划

NB-IoT 核心网可考虑利用现有 EPC 与新建 EPC 的方案，考虑到后期 NB-IoT 的维护和扩展性，现网多采用新建虚拟化核心网 NFV 进行组网，网元包含 vHSS/vMME/vSGW/vPGW/vCG/vEMS 网元。

具体部署方案：

1）物联网核心网按照集团指导思路建议省份集中建设。

2）现网 2G/3G/4G 核心网和 NB-IoT 物联网核心网属于两套不同的商用核心网，业务和网络规划分开考虑。现网 2G/3G/4G 核心网是基于核心网专有硬件建设，物联网核心网是基于虚拟化技术建设，设备形态、组网、协议以及业务规划不相同。

核心网建设可按照两个阶段进行部署：

第一阶段新建一套 vEPC 核心网，完成 NB-IoT 的业务测试和虚拟化功能验证。

第二阶段按照业务需求，进行 eMTC 核心网虚拟化部署开通并承载业务。

新建 MME 需要通过 PTN 与无线侧对接，新建 SAE-GW 与 CMNET 对接，机房需具备一个机柜安装位置及电源供给能力。

2．传输规划

NB-IoT 传输规划组网示意图如图 5-2 所示。其中，PTN（Packet Transport Network，分组传送网）分为接入环与汇聚环，接入环一般采用 GE（Gigabit Ethernet，千兆以太网），汇聚环采用 10GE 组网。

PTN 接入层可采用 FE（fast Ethernet，快速以太网），即俗称百兆以太网，基站侧为 BBU（BaseBand Unit，基带处理单元）。

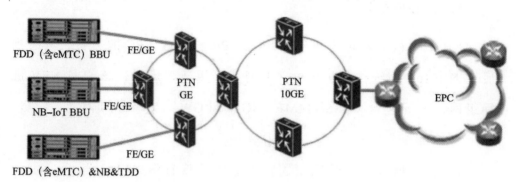

图 5-2　NB-IoT 传输组网规划

站点的传输需求如下所述：

1）每个 BBU（基带处理单元）各自接入传输环，也可以汇聚后共用一个传输端口。

2）传输带宽主要考虑 LTE 带宽需求。

3）物联网及 LTE 采用全 IP 化传输，一般要求空载情况下基站到核心网络的迟延小于 20ms，时延抖动小于 7ms，丢包率小于 0.05%。

3．站址规划原则

网络建设采用统一规划、分步实施、一次投资、多网收益的设计方案。因此，站点选择将满足开通 FDD、NB-IoT、eMTC 多模能力。具体原则如下：

1）选择合理的网络结构。

2）从现网（4G/3G/2G）中选择合理的站址来建设。

3）重点分析和避免过高站、过低站及过近站建设对 NB-IoT 和

eMTC 的影响。

4）利用链路预算和仿真等手段来计算小区半径，并评估站点选择方案。

5）对于 NB-IoT 和 eMTC 站点，尽量多选择一些站点，以供实际建设中能够合理根据实际情况调节。

站间距的规划一方面要考虑终端在网络中的分布状况，另一方面要考虑给极端情况留出余量。或者说站间距一方面要考虑绝大多数终端较好的性能，另一方面也要考虑尽可能照顾极端个体。根据 3GPP 下面的 IoT 业务分布模型（伦敦和巴黎 IoT 终端分布分析），88.3%的 IoT 终端的最大耦合路损（MCL）是好于 144dB 的，差于 154dB MCL 的终端占比仅为 2.8%。NB-IoT 的技术设计目标是 MCL=164dB，此时上行速率 200bit/s 被认为可以支持业务的最低需求。考虑过深的覆盖从业务角度看意义不大，如从极限覆盖能力看，NB-IoT 可以支持 173dB MCL 的覆盖，但上行速率仅有 5bit/s，几乎无法支持任何业务。

建议以 154dB MCL 为站间距的规划目标，该目标相当于比 GSM 网络传统规划目标宽松 10dB。

4．站点勘察

（1）站点天面勘查

在站点建设之前，采集以下站点天面信息，作为后续天面改造主要参考信息：天面安装位置、是否可新增天线抱杆、是否可在原天线抱杆基础上增加天线、现网天线是否合路、现网天线型号、天线支持频段、天线增益、方位角、下倾角、天线高度等信息。完成工勘后，对天面进

行改造，通过新建、使用多频多通道天线替换现网原有 GSM、TD-LTE 天线，或者采用合路器方式将物联网站点信号合路输入天线。

（2）传输资源确认

对于新建站点，则需确认传输资源是否可以增加带宽分配；对于 TDD 升级站点，如果是单主控板，则需确认传输设备是否有多余的传输端口供蜂窝物联网站点使用，如果是双主控板，则需确认传输资源是否可以增加带宽分配。

（3）电源配套确认电源核实

在站点勘查时，对站点机房的供电电源 UPS、接入端子进行核查，核实是否支持新建站点或在现有 TDD 上增加板件。

（4）现网 GSM 信息采集

此处采集的信息主要用于评估 GSM 现网运行状况，以及退频方案的确定，需采集以下信息：

1）现网 2G/3G/4G 的工程参数表（小区级，包括但不限于经纬度、方位角、下倾角、天线高度、天线型号，BCCH（Broadcast Control Channel，广播控制信道）、TCH（Traffic Channel，业务信道）频率、载频功率等）。

2）2G 的忙时话务量数据，提取 2～4 周的忙时话务量（语音话务量和数据等效话务量），做翻频区域的容量评估。

3）2G 的后台配置表，包括小区载频数、SDCCH（Standalone Dedicated Control Channel，独立专用控制信道）信道数、PDCH（Physical Data Channel，专用物理数据信道）信道（即 2G 网络的数据业务信道）数等，做翻频区域的容量评估；2G 的切换统计，提取 1 周的切换统计报告，做缓冲区（隔离区）的划分。

5．天面规划

考虑到未来网络发展及业务需求，对于建设区域站点，最佳的天面建设方案为新建 4 通道天面，具备开通 4T4R（4 Transmit 4 Receive，4 发射 4 接收）能力或 2T4R（2 Transmit 2 Receive，2 发射 2 接收）配置；对于某些天面资源紧张，无法新建抱杆或抱杆无法新增天线的站点，需要使用多端口双频、多频天线替换现网原有 GSM 天线或 TD-LTE 天线。最差的方式为采用合路器方式将 FDD 站点信号合路输入天线，合路方式存在损耗，且对 FDD 站点及现网 GSM 站点均有较大影响。

根据现网工勘情况，按收发端口划分有 2T2R、2T4R 和 4T4R 三种。其中以 2T4R 为例介绍天面建设方案。

2T2R 可以实现与 GSM 900MHz 同覆盖，建议 FDD 900MHz 以 2T2R 为主，少量需补强场景可酌情使用 2T4R。FDD 1800 用于容量场景时如果可新建抱杆可考虑 2T4R。

4 接收天线对上行容量增益为 12%，但设备改造及工程费用巨大，建议优先使用更高效的 2T2R+COMP 方式。

4 发射天线的大部分增益是依赖手机支持 4 天线接收的前提下产生的，4 发射天线的部署需要根据产业链成熟度决定。

多通道天线的体积和重量对抱杆及铁塔设计提出新的要求，存在新建或加固铁塔的风险。2T2R 是目前最现实最经济的主流选择，4 接收天线可用于少量覆盖补充场景，4 发射天线应依据产业链成熟度决策引入时间。

6．网管及平台建设

应用平台基本功能的具体规划如下。

1）用户账户管理：主要分用户账户管理、管理员账户管理两种，两种账户所享受的权限会不一样。账户提供注册、登录、密码重置等功能。

2）业务信息管理：物联卡业务状态信息查询，如号码基本信息、开销物联卡账户信息、流量使用情况信息、套餐基本信息等业务状态管理。

3）账单明细管理：按日、周、月、年资费账单的具体明细进行查询，统计账单的整体情况。

4）异常状态管理：物联卡的停开机状态管理、异常访问和 IMEI（International Mobile Equipment Identity，国际移动台设备标识）机卡分离等业务信息告警通知。通知可采取短信、邮件通知。

5）缴费管理：提供用户通过 APP、Web 实时缴费，可通过支付宝、和包、微信、营业厅等渠道进行缴费。

6）实时监测管理：提供 Web、APP 对三大应用平台各类应用状态实时监测，实现用户一键监控，如移动内部应用中的智能管井管控，实时提醒水浸、高温等变化，管道光纤移位管控，位置变动等；智能家居中环境空调管理，实时查看室内温度，远程提前开启空调。

5.1.3　NB-IoT 链路预算

1．NB-IoT 上行链路预算

以密集城区 Hata 模型为例计算各信道覆盖距离，并与 GSM、FDD LTE 做对比。在同等环境下，GSM/LTE 覆盖半径约 0.6～0.7km，NB-IoT 覆盖半径约 2.65km，是 GSM/LTE 的 4 倍左右，eMTC 覆盖半径约 2km，是 GSM/LTE 的 3 倍左右。NB-IoT 覆盖半径比 eMTC 覆盖半径高约 30%，如表 5-1 所示，实际覆盖性能有待测试验证。

表 5-1　NB-IoT 上行链路预算

	GSM	FDD LTE	NB-IoT Standalone[②]		eMTC[②]
	上行	PUSCH	NPUSCH/15kHz	NPRACH	PUSCH
（1）数据速率/(kbit/s)	12.2	20	0.5	N/A	N/A
（2）天线数	1T2R	1T2R	1T2R	1T2R	1T2R
（3）发送功率/dBm	33	23	23	23	23
（4）子载波带宽/kHz	180	180	15	3.8	180
（5）子载波数	1	2	1	1	1
（6）占用带宽/kHz	180	360	15	3.75	180
（7）馈线损耗/dB	3	0.5	0.5	0.5	0.5
（8）天线增益/dBi	15	15	15	15	15
（9）噪声功率谱密度(kT)/(dBm/Hz)	−174	−174	−174	−174	−174
（10）噪声系数/dB	3	3.0[①]	3	3	3.0[①]
（11）噪声功率/dB	−118.4	−115.4	−129.2	−135.3	−118.4
（12）信噪比（S/N）或载干比（C/I）/dB	6	−4.3	−12.8	−5.8	−16.3
（13）接收灵敏度(dBm)=(11)+(12)	−112.4	−119.7	−142	−141.1	−134.7
（14）最大耦合损耗(dB)=(3)−(13)	145.4	142.7[①]	165	164.1	157.7[①]
（15）快衰落余量/dB	3	0	0	0	0
（16）阴影衰落余量/dB	11.6	11.6	11.6	11.6	11.6
（17）干扰余量/dB	1	2	2	2	2
（18）穿透损耗/dB	11	11	11	11	11
（19）OTA/dB	6	6	6	6	6
人体损耗/dB[②]	3	3	0	0	0
（20）总体余量/dB	35.6	33.6	30.6	30.6	30.6
室内最大允许路损/dB=(3)−(7)+(8)−(13)−(20)	121.8	123.6	148.9	148	141.6
室内覆盖半径/km	0.61	0.68	3.57	3.37	2.22

① eMTC MCL=155.7dB 都是在噪声系数 5dB 情况下计算的结果，此处噪声系数统一为 3dB，因此实际 MCL 及室内最大允许路损比 155.7dB 高 2dB。

② NB-IoT 解调门限参考 3.3 节中仿真结果计算室内最大允许路损，eMTC 根据 MCL=157.7dB(155.9+2)计算室内最大允许路损。

实际在做网络规划时，需综合考虑上行速率目标、干扰余量、穿透损耗、覆盖率、物联网终端功耗等因素规划覆盖半径。eMTC 和 NB-IoT 覆盖增强可用于提升网络覆盖能力、提升覆盖率或降低站址密度以降低网络建设成本。

2．NB-IoT 下行链路预算

同样以密集城区适用的无线传播模型——Hata 模型为例计算各信道覆盖距离，并与 GSM、FDD LTE 做对比，在同等环境下，NB-IoT 下行链路预算如表 5-2 所示。

表 5-2　NB-IoT 下行链路预算

	GSM	FDD LTE	NB-IoT Standalone[②]			eMTC[②]
	下行	PDCCH	NPBCH	NPDCCH	NPDSCH	PDSCH
（1）数据速率/(kbit/s)	12.2	N/A	N/A	N/A	3	—
（2）天线数	1T1R	2T2R	1T1R	1T1R	1T1R	1T2R
（3）发送功率/dBm	43	46	43	43	43	36.8
（4）子载波带宽/kHz	180	180	15	15	15	180
（5）子载波数	1	50	12	12	12	6
（6）占用带宽/kHz	180	9000	180	180	180	1080
（7）馈线损耗/dB	3	0.5	0.5	0.5	0.5	0.5
（8）天线增益/dBi	15	15	15	15	15	15
（9）噪声功率谱密度(KT)/(dBm/Hz)	−174	−174	−174	−174	−174	−174
（10）噪声系数/dB	5	5.0[①]	5	5	5	5.0[①]
（11）噪声功率/dB	−116.4	−99.5	−116.4	−116.4	−116.4	−108.7
（12）信噪比（S/N）或载干比（C/I）/dB	11	−4.7	−8.8	−4.6	−4.8	−14.2
（13）接收灵敏度（dBm）=(11)+(12)	−105.4	−104.2	−125.2	−121	−121.2	−122.9
（14）最大耦合损耗（dB）=(3)-(13)	148.4	150.2[①]	168.2	164	164.2	159.7[①]
（15）快衰落余量/dB	3	0	0	0	0	0
（16）阴影衰落余量/dB	11.6	11.6	11.6	11.6	11.6	11.6
（17）干扰余量/dB	1	5	5	5	5	5
（18）穿透损耗/dB	11	11	11	11	11	11
（19）OTA/dB	6	6	6	6	6	6
人体损耗/dB[②]	3	3	0	0	0	0
（20）总体余量/dB	35.6	36.6	33.6	33.6	33.6	33.6
室内最大允许路损/dB=(3)-(7)+(8)-(13)-(20)	124.8	128.1[①]	149.1	144.9	145.1	140.6[①]
	0.71	0.88	3.49	2.65	2.69	2

① eMTC MCL 155.7dB 都是在噪声系数 9dB 情况下计算的结果，此处噪声系数统一为 5dB，因此实际 MCL 及室内最大允许路损高 4dB。

② NB-IoT 解调门限参考 3.3 节中仿真结果计算室内最大允许路损，eMTC 根据 MCL=159.7dB(155.9dB+4dB)计算室内最大允许路损。

3．小结

链路预算结果表明，NB-IoT 覆盖半径约是 GSM/LTE 的 4 倍，eMTC 覆盖半径约是 GSM/LTE 的 3 倍，NB-IoT 覆盖半径比 eMTC 大30%。NB-IoT 及 eMTC 覆盖增强可用于提高物联网终端的深度覆盖能力，也可用于提高网络的覆盖率，或者减少站址密度以降低网络成本等。

NB-IoT 三种部署方式 Standalone、Guardband 及 Inband 通过不同的重复次数，都可以满足 MCL=164dB 的覆盖目标，但由于 Guardband 及 Inband 部署方式下功率受限于 FDD LTE 系统功率，其功率比 Standalone 方式下低 5dB 或 8dB，因此为了达到同等下行覆盖能力，需更多重复次数，此时下行速率比 Standalone 方式下低；上行方向下三种部署方式差别不大。NB-IoT 系统带宽 180kHz，Standalone 方式下不依赖于 FDD LTE 网络，可独立部署。

5.1.4 NB-IoT 性能测算

1．NB-IoT 下行峰值吞吐率

NB-IoT 下行采用 15kHz 子载波间隔进行传输，即在一个 NB-IoT 带宽内（200kHz）内，共有 12 个子载波（有效带宽为 180kHz）。在时域上，NB-IoT 子帧结构与 LTE Type1 一致，如图 5-3 所示。

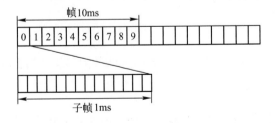

图 5-3 NB-IoT 子帧结构

在下行调度上，单用户最小调度单元为一个子帧（1ms），同一个码字（Code Word）可以映射到多个子帧上。在3GPP R13版本中，NB-IoT在原有 LTE MCS/TBS（调制与编码策略/传输块大小）表的基础上做了一定修改，如表 5-3 所示，其中第一列为 ITBS 指示，第一行为调度子帧数指示。NB-IoT 只支持下表中灰色的部分。值得注意的是，ITBS=11 与 12 仅在独立部署（Standalone）和 FDD LTE 保护带部署（Guardband）两种场景下支持。

表 5-3　NB-IoT 下行 MCS 与 TBS 表　　　　　（单位：字节）

ITBS	1	2	3	4	5	6	7	8	9	10
0	16	32	56	88	120	152	176	208	224	256
1	24	56	88	144	176	208	224	256	328	344
2	32	72	144	176	208	256	296	328	376	424
3	40	104	176	208	256	328	392	440	504	568
4	56	120	208	256	328	408	488	552	632	680
5	72	144	224	328	424	504	600	680	776	872
6	88	176	256	392	504	600	712	808	936	1032
7	104	224	328	472	584	680	840	968	1096	1224
8	120	256	392	536	680	808	968	1096	1256	1384
9	136	296	456	616	776	936	1096	1256	1416	1544
10	144	328	504	680	872	1032	1224	1384	1544	1736
11	176	376	584	776	1000	1192	1384	1608	1800	2024
12	208	440	680	904	1128	1352	1608	1800	2024	2280

为进一步简化系统，NB-IoT 在 3GPP R13 版本下行仅支持单线程，且考虑终端复杂度，在下行传输中 PDCCH 调度信息与相应 PDSCH 之间，PDSCH 与 ACK/HACK 反馈的 PUSCH 之间均预留了较长时延。具体如下：

NPDSCH 开始传输的子帧与相应 NPDCCH 调度之间的时延至少

为 4ms。

UL ACK/NACK 开始的子帧与相应 NPDSCH 的传输至少为 12ms。也就是说，对于某一处于正常覆盖场景下的终端，若需达到峰值吞吐率，则需在 3 个子帧内完成 TBS=680bit 的传输，进程示意如图 5-4 所示。

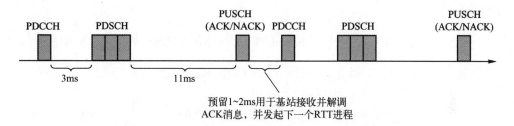

图 5-4　下行峰值吞吐率时终端下行进程示意图

在这种情况下，其峰值吞吐率可计算如下：

DLpeak_thpt=680bit/(PDCCH 调度时延+PDCCH 调度与 PDSCH 时延+PDSCH 传输时延+PUSCH 与 PDSCH 时延+PUSCH 传输时延+NPDCCH 调度限制)=680bit/(1ms+4ms+3ms+12ms+2ms+10ms)=21.25kbit/s

2．NB-IoT 上行峰值吞吐率

NB-IoT 上行有 Singletone 与 Multitone 两种不同的传输方式，其中 Singletone 有 3.75kHz 及 15kHz 两种子载波带宽，并采用单用户单次传输仅可调度一个子载波的方式进行上行数据传输，Multitone 仅有 15kHz 子载波带宽，使用为单用户调度多个载波的方式进行传输。同时，在 R13 版本中引入了资源单元（Resource Unit，RU）的概念，作为单用户上行可调度的最小单元。其中：

Singletone 15kHz 子载波带宽场景：RU 为 8ms 连续子帧。

Singletone 3.75kHz 子载波带宽场景：RU 为 32ms 连续子帧。

Multitone 场景下：12 个子载波同时被调度时，RU 为 1ms；6 个子载波同时被调度时，RU 为 2ms；3 个子载波同时被调度时，RU 为 4ms 在计算峰值吞吐率时，可考虑终端处于覆盖较好的场景下。在该场景下，终端发射功率有较大余量，可考虑 Multitone 用 12 个子载波同时调度。

此外，在 R13 版本中，NB-IoT 上行 MCS/TBS 表如表 5-4 所示，其中第一列为 ITBS 指示，第一行为调度 RU 的数值。

表 5-4　NB-IoT 上行 MCS 与 TBS 表　　　　（单位：字节）

ITBS	1	2	3	4	5	6	8	10
0	16	32	56	88	120	152	208	256
1	24	56	88	144	176	208	256	344
2	32	72	144	176	208	256	328	424
3	40	104	176	208	256	328	440	568
4	56	120	208	256	328	408	552	696
5	72	144	224	328	424	504	680	872
6	88	176	256	392	504	600	808	1000
7	104	224	328	472	584	712	1000	N/A
8	120	256	392	536	680	808	N/A	N/A
9	136	296	456	616	776	936	N/A	N/A
10	144	328	504	680	872	1000	N/A	N/A
11	176	376	584	776	1000	N/A	N/A	N/A
12	208	440	680	1000	N/A	N/A	N/A	N/A

为进一步简化系统，NB-IoT R13 上行也仅支持单线程，其调度信息与实际传输信息间时延，以及传输所耗时间具体如下：

NPUSCH 开始传输的子帧与相应 NPDCCH 调度之间的时延至少为 8ms。

DLACK/NACK 开始的子帧与相应 NPUSCH 的传输时延至少为

3ms。也就是说，对于某一处于正常覆盖场景下的终端，若需达到峰值吞吐率，则需 4 个子帧内完成 TBS=1000bit 的传输，进程示意如图 5-5 所示。

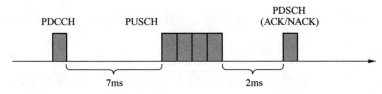

图 5-5　上行峰值吞吐率时终端上行进程示意图

在这种情况下，其峰值吞吐率可计算如下：

ULpeak_thpt=1000bit/(PDCCH 调度时延+PDCCH 调度与 PUSCH 时延 +PUSCH 传输时延+PUSCH 与 PDSCH 时延)=1000bit/(1ms+8ms+4ms+ 3ms)=62.5kbit/s

3．eMTC 吞吐率

对于 eMTC 系统，其峰值速率计算与 LTE 及上述 NB-IoT 峰值速率计算方法类似。根据上下行调度信息与实际信息传输信息间时延，实际传输所需时间及相应 TBS 与 MCS 表格，可得 eMTC 吞吐率如表 5-5 所示。

表 5-5　eMTC 吞吐率

	eMTCTDD	eMTCFDD
上行峰值	200kbit/s	FD：1Mbit/s HD：375kbit/s
下行峰值	750kbit/s	FD：800kbit/s HD：300kbit/s

4．网络部署对现网的影响

（1）NB-IoT

对于未部署 LTE FDD 的运营商，从一定程度而言，NB-IoT 的部

署更接近于全新网络的部署，将涉及无线网及核心网的新建或改造及传输结构的调整，同时，若无现成空闲频谱，则需对现网频谱（通常为 GSM）进行调整（Standalone 模式）。因此，实施代价相对较高。而对于已部署 FDD LTE 的运营商，NB-IoT 的部署可很大程度上利用现有设备与频谱，其部署相对简单。

从无线建设方案来看，可依托原有 2G 网络或 4G 网络进行建设。

当依托 2G 网络建设时，从硬件上看，需在基站上新增基带板以支持 NB-IoT；从网络结构及规划上看，通常情况下，GSM 网络存在时间较长，很多场景下的规划及建设均出于降低干扰及增加容量的考虑，与 NB-IoT 初期重点考虑覆盖的需求不同。因此网络结构存在一定差异，需在规划与建设上做一定考虑。

当依托 4G 网络建设时，若现网中已部署 LTE 网络，NB-IoT 可考虑依托 4G 网络建设。在这种建议方案下，NB-IoT 可与现有设备共主控板及传输，但需新增基带板、远端射频单元（Remote Radio Unit，RRU）及天馈系统。

从核心网上看，无论是依托 2G 或 4G 建设，都需要独立部署核心网或升级现网设备。

（2）eMTC

若在现网已部署 4G 网络，在该基础上再部署 eMTC 网络，在无线网方面，可基于现有 4G 网络进行软件升级，在核心网方面，同样可通过软件升级实现。

从整体上说，NB-IoT 在覆盖、功耗、成本、连接数等方面性能占优，但无法满足移动性及中等速率要求、语音等业务需求，比较适合低

速率、移动性要求相对较低的低功耗广域覆盖技术（Low Power Wide Area，LPWA）应用；而 eMTC 在覆盖及模组成本方面目前弱于 NB-IoT，但其在峰值速率、移动性，语音能力方面存在优势，适合于中等吞吐率、移动性或语音能力要求较高的物联网应用场景。运营商可根据现网中实际应用选择相关物联网技术进行部署。

5.2　NB-IoT 频率规划

5.2.1　部署方式选择与频率规划

NB-IoT 有三种部署方式，选择不同的部署方式对频率规划由不同的要求。

1．Standalone 部署方式

NB-IoT 采用 Standalone 部署方式时，频率的选择比较灵活，可以在 GSM、UMTS、LTE 网络内部署，使用 GSM 频谱时频率规划方式如图 5-6 所示，其中在 NB-IoT 基站与 GSM 基站比例为 1:1 时，保护带为 100kHz；当比例达到 1:3 或 1:4 时，保护带为 200kHz。

图 5-6　Standalone 部署使用 GSM 频谱

使用 LTE 频谱时频率规划方式如图 5-7 所示，在 NB-IoT 基站与 LTE 基站比例为 1:1 时，系统带宽为 1.4MHz 时空余 160kHz；系统带宽为 3MHz 时空余 150kHz；系统带宽为 5MHz 时空余 250kHz；系统

带宽为 10MHz 时空余 500kHz；系统带宽在 15MHz，5MHz 空余 250kHz，10MHz 空余 500kHz，15MHz 空余 750kHz，20MHz 空余 1MHz。

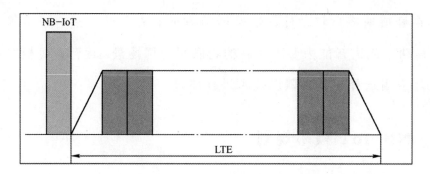

图 5-7　Standalone 部署使用 LTE 频谱

当比例达到 1:3 或 1:4 时，LTE 频谱 5MHz 以上带宽使用 LTE 内置保护带即可，5MHz 以下带宽需要 200kHz 保护带宽。

使用 UMTS 频谱时频率规划方式如图 5-8 所示，NB-IoT 使用频点的中心频率与 UMTS 中心频率需相隔 2.6MHz。

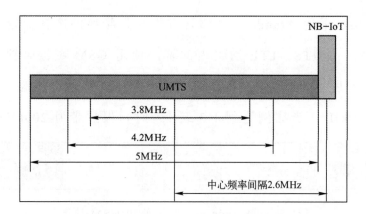

图 5-8　Standalone 部署使用 UMTS 频谱

2．Guardband 部署方式

Guardband 部署方式中，LTE 载波需保持在 10MHz 以上，需严格

滤波，LTE 保护带需预留 500kHz 带宽，包括 NB-IoT 带宽 200kHz，向右保护带宽 200kHz，向左保护带宽 100kHz，如图 5-9 所示。

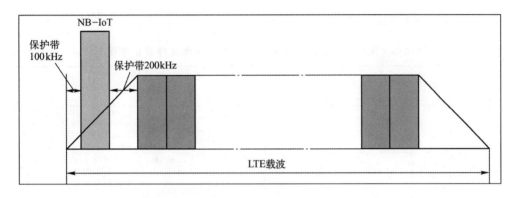

图 5-9　Guardband 部署使用 LTE 频谱

3．Inband 部署方式

3GPP 协议规定 Inband 部署方式要求 LTE 系统带宽为 3MHz 及以上带宽，目前产品仅支持 5MHz 及以上带宽，Inband 部署方式占用 LTE 的 1 个资源块（RB）。上行推荐配置在最边缘的 RB 上；下行在不同 LTE 系统带宽时可配置在不同的位置。由于 Inband 部署方式对现有 LTE 网络会有较大干扰及容量影响，现网暂时不建议使用，在此不再阐述。

总体来说，当存在空余频谱或 GSM 频谱、对覆盖要求高，推荐采用 Standalone 部署方式；当存在 LTE 频谱且有演进扩容需求，可考虑采用 Inband 部署方式（不推荐）；LTE 10MHz 以上频谱且 Guardband 部署无法律风险的情况，可考虑 Guardband 部署方式（不推荐）。

4．异制式邻频干扰共存保护带要求

在考虑 NB-IoT 不同部署方式的基础上，当频率规划涉及异制式

邻频干扰共存时，对保护带有明确的要求，如表 5-6 所示。表中 GM 共存指 GSM 与 NB-IoT 共存，UM 共存指 UMTS 与 NB-IoT 共存；LM 共存指 LTE 与 NB-IoT 共存。

表 5-6　NB-IoT 频率规划中异制式邻频干扰共存保护带要求

部署方式	场景	保护带 （1:1 组网）	保护带（单位：Hz） （1:3/1:4 组网）	备　注
Standalone	GM 共存	100kHz	200kHz（需保证和 NB 频率间隔 200kHz 的 GSM 频点小区和 NB 共站）	与 GSM 主 B 频点间隔 300kHz（需保证和 NB 频率间隔 300kHz 的 GSM 频点小区和 NB 共站）
	UM 共存	0kHz(中心频点间隔 2.6MHz)	中心频点间隔 2.6MHz（极端场景 M 对 U 性能有一定影响）	5M UMTS 保护带 0kHz；其他非带宽 UMTS，与中心频点间隔 2.6MHz
	LM 共存	LTE 内置保护带（标准带宽）	LTE 5MHz 以上带宽的内置保护带；5MHz 以下带宽需要 200kHz 以上保护带。	
LTE Guardband		频谱边缘（模板要求）：100kHz；RB 边缘（干扰要求）：100kHz	频谱边缘（模板要求）：100kHz；RB 边缘（干扰要求）：200kHz	Guradband 部署存在法律风险
LTE Inband		根据协议提案的仿真，预估不需要预留保护带。	下行：预留一个 RB 保护带 上行：预留一个 RB 保护带	NB-IoT 的 PSD（功率谱密度）不高于 LTE 6dB

在 1∶N 情况下存在邻频远近效应干扰，会出现 NB 站点少于邻频的 GUCL 站点情况下，如果 NB 终端接收到的邻频载波的功率比 NB 载波功率大 30dB 左右，就可能对 NB 终端造成邻频干扰影响。

5.2.2　缓冲区频率规划

建设窄带蜂窝物联网设区域站点要清出所用频率外，还需将建设区周围的 GSM 站点作为缓冲区进行清频。缓冲区划分目的是规避或减弱蜂窝物联网站点和非翻频区 GSM 之间的同频干扰。

1．缓冲区划分方法

粗略划分：以站间距 D 的 4 倍距离来划分，大概包括 2～3 层站

点，如图 5-10 所示。

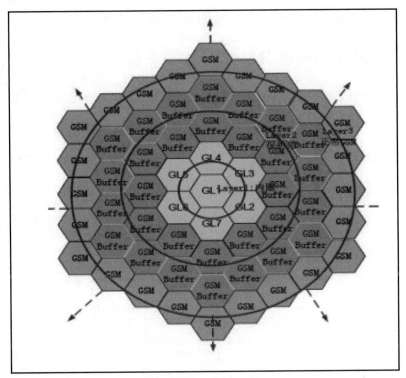

图 5-10　缓冲区粗划分方式

精细划分：通过对现网 GSM 提取信息进行详细分析，可得出更加准确的缓冲区域。可从以下几个角度进行分析：

● 基于后台切换统计数据的缓冲区划分。

● 基于仿真的缓冲区划分。

● 基于 MR 数据的缓冲区划分。

缓冲区划分需注意城区清频需要考虑室分以及 GSM 清频后必须要使用频谱仪扫频，在建设目标站点覆盖范围内扫描蜂窝物。

联网使用的上下行频段是否有大的 GSM 干扰信号；根据上述划分方法，对切换统计数据的分析，把和实施区小区有切换关系的都划分为

缓冲区，同时结合干扰情况排查结果制作了缓冲区图，建议对 FDDLTE/NB-Iot/eMTC 频点和带宽进行隔离带设置为 5～7km。

2．GSM 与 NB-IoT 异制式同频缓冲区规划

对于 GSM，在频率重耕区域内 NB-IoT 占用了原 GSM 网络使用的部分频点，而这部分频点在频率重耕区域外仍然被 GSM 所使用。这样在频率重耕区域边缘 NB-IoT 和 GSM 由于使用相同的频点会产生 GM 同频干扰。GM 同频缓冲区（Bufferzone）解决方案就是用于解决同频干扰问题。

GSM 与 NB-IoT 异制式同频缓冲区空间的隔离耦合损耗要求计算表如表 5-7 所示。

表 5-7　异制式同频缓冲区空间的隔离耦合损耗要求

被干扰方向	GSM 终端干扰 NB-IoT 上行	GSM 基站干扰 NB-IoT 下行	NB-IoT 终端干扰 GSM 上行	NB-IoT 基站干扰 GSM 下行	公式
噪声系数/dB	3	5	3	5	A
带宽/kHz	15	180	180	180	B
底噪/dBm	−129.2	−116.4	−118.4	−116.4	C=−174+10*log（B）+A
允许底噪抬升/dB	1	3	1	3	D
允许的干扰/dBm	−135.1	−116.5	−124.3	−116.5	E=10*log(10^((C+D)/10)−10^((C)/10))
干扰源发射功率/dBm	33/180kHz	43/180kHz	23/15kHz	43/180kHz	F
折算到被干扰系统带宽的干扰源发射功率/dBm	22.2	43	33.8	43	G=F−10*log(干扰系统带宽/被干扰系统带宽)
空间隔离耦合损耗/dB	157.3	159.5	158.1	**159.5**	H=G−E

根据空间隔离耦合损耗（159.5dB）要求仿真推算同频缓冲区大小，GSM 与 NB-IoT 共存缓冲区示意图如图 5-11 所示，图中区域 A 表示 GSM 区域，区域 B 表示缓冲区，区域 C 表示 NB-IoT 和异频 GSM 区域。

参考 GM 上下行四个方向同频干扰的对比，空间隔离耦合损耗要

求为 159.5dB；GM 缓冲区域通常需要隔 3～5 层站点，即城区 5km 以上，郊区农村 10km 以上。详细数据需要现网仿真规划。

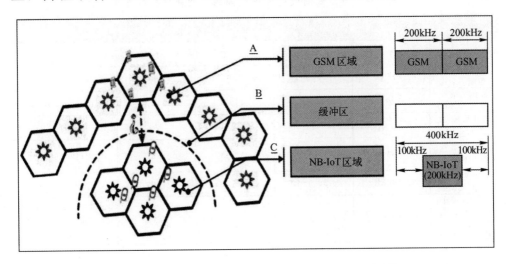

图 5-11　GSM 与 NB-IoT 共存缓冲区示意图

3．LTE 与 NB-IoT 异制式同频缓冲区规划

对于 LTE，在频率重耕区域内 NB-IoT 占用了原 LTE 网络使用的部分 RB 资源，而这部分 RB 在频率重耕区域外仍然被 LTE 所调度。这样在频率重耕区域边缘 NB-IoT 和 LTE 由于使用相同的 RB 会产生 LM 同频干扰。LM 同频缓冲区（Bufferzone）解决方案就是用于解决同频干扰问题。

LTE 与 NB-IoT 异制式同频缓冲区空间的隔离耦合损耗要求计算表如表 5-8 所示。

根据空间隔离耦合损耗(159.5dB)要求仿真推算同频缓冲区大小，LTE 与 NB-IoT 共存缓冲区示意图如图 5-12 所示，图中区域 A 表示 LTE 区域，区域 B 表示缓冲区，区域 C 表示 NB-IoT 和异频 LTE 区域。

表 5-8　异制式同频缓冲区空间的隔离耦合损耗要求

被干扰方向	LTE 终端干扰 NB-IoT 上行	LTE 基站干扰 NB-IoT 下行	NB-IoT 终端干扰 LTE 上行	NB-IoT 基站干扰 LTE 下行	公式
被干扰系统噪声系数/dB	3	5	3	5	A
被干扰系统带宽/kHz	15	180	180	180	B
被干扰系统底噪/dBm	−129.2	−116.4	−118.4	−116.4	C=−174+10*log(B)+A
允许底噪抬升/dB	1	3	1	3	D
允许的干扰/dBm	−135.1	−116.5	−124.3	−116.5	E=10*log(10^((C+D)/10)−10^((C)/10))
干扰源发射功率/dBm	23/540kHz	46/50 个 RB	23/15kHz	43/180kHz	F
折算到被干扰系统带宽的干扰源发射功率/dBm	17.4	29	33.8	43	G=F−10*log(干扰系统带宽/被干扰系统带宽)
空间隔离耦合损耗/dB	152.5	145.5	158.1	**159.5**	H=G−E

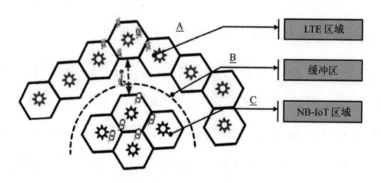

图 5-12　LTE 与 NB-IoT 共存缓冲区示意图

参考 LM 上下行 4 个方向同频干扰的对比，MCL 要求为 159.5dB。

LM Bufferzone 区域通常需要隔 3～5 层站点，即城区 5km 以上，郊区农村 10km 以上。详细数据需要现网仿真规划。

5.2.3　2G 退频后承载能力分析

使用传播特性好的低频段优质频谱可以大大减少建网成本，提升技术与产业竞争力。对于频分双工（FDD）系统，采用 700 MHz 频段所用站点仅仅是 1900MHz 频段站点的 24%，是 2600MHz 频段站点的 12%。为了更好地推动物联网发展，同时节约建网成本，提升用户对物联网业务的使用体验，可考虑清退部分目前的 2G 频段，但在清退过程中需保证原有 2G 用户的使用感知。本节重点讨论如何清退 2G 频率，2G 清退后频率如何规划才能保证现有 2G 用户的使用感知，针对 2G 网络的语音、数据业务如何配置不同的频率复用方案，还有 4G 网络能否承载 2G 迁移来的业务保障用户的业务需求及使用感知。

1．GSM 频点清退目标

在 GSM 频率清退目标中，900MHz 系统计划清退 5.8MHz 频率（拟定为 953.2～954MHz、945.8～950.8MHz）资源以满足蜂窝物联网建设需求，同时 GSM 900MHz 系统高配小区占比控制在 10%以下，总体清退 30 个频点，频点分布如图 5-13 所示。

初期考虑由于 GSM 网络仍承载较大规模用户，900MHz 系统清退目标包括 5MHz 的 eMTC 和 800kHz 的 NB-IoT 频段。具体使用频段：上行 945.8～950.8MHz，下行 953.4～954MHz 为 eMTC 频段；中心频率：948.3MHz。使用 GSM 频点：54～79，92～95。设置中心频率为 948.3MHz 的优势在于，当 GSM 网络负荷降低，进一步扩容 eMTC 频段时，可保持中心频点不变，而将使用带宽扩展为 10MHz。

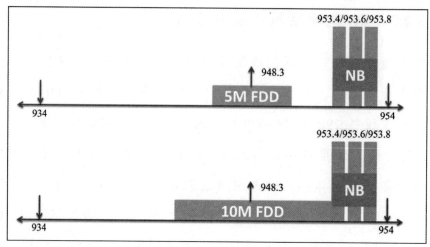

图 5-13　GSM 900MHz 系统频率清退目标（单位：MHz）

　　eMTC 是 LTE 的演进功能，在 LTE TDD 及 LTE FDD 1.4～20MHz 系统带宽上都有定义，但无论在哪种带宽下工作，业务信道的调度资源限制在 6 个物理资源块（Physical Resource Block，PRB）以内，eMTC 频段划分方式如图 5-14 所示。

　　NB-IoT 上下行有效带宽为 180kHz，下行采用 OFDM，子载波带宽与 LTE 相同，为 15kHz；上行有单载波传输（Singletone）和多载波传输（Multitone）两种传输方式，其中 Singletone 的子载波带宽包括 3.75kHz 和 15kHz 两种，Multitone 子载波间隔 15kHz，支持 3 个、6 个、12 个子载波的传输。以窄带物理上行共享信道 NPUSCH 为例，NPUSCH 用来传送上行数据以及上行控制信息，NPUSCH 传输可使用单频或多频传输。NPUSCH 上行子载波间隔有 3.75kHz 和 15kHz 两种，上行有单载波传输（Singletone）和多载波传输（Multitone）两种传输方式，其中 Singletone 的子载波带宽包括 3.75kHz 和 15kHz 两种，Multitone 子载波间隔 15kHz，支持 3 个、6 个、12 个子载波的传输。

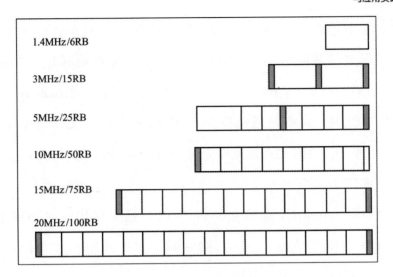

图 5-14   eMTC 频段划分方式

2．GSM 降配方案

（1）GSM 频点清退

要实现 GSM 频点的清退需制定 GSM 小区降低配置方案；优化现有 2G 小区的半速率配置；优化数据信道配置，降低静态信道和动态信道比例；优化 GPRS 信道释放时延参数，提高数据信道利用率；优化独立专用控制信道（Stand-Alone Dedicated Control Channel，SDCCH）信道和公共控制信道（Common Control Channel，CCCH）CCCH 信道，降低配置，释放业务信道（Traffic Channel，TCH）；进行降配操作和频率调整。

将 2G 网络无线利用率整体控制在 50%～70%，降配后单小区不超过 100%；语音半速率控制在 10% 以内，降配后单小区不超过 50%；对数据业务分组数据信道（Packet Data Channel，PDCH）复用度<4 的小区进行数据信道调整，复用度在 4 以上的小区保持现状；数据业

务承载效率不超过 17kbit/s；2 载频以下小区不进行降配。为了尽量降低降配工作对现网的影响，在降配过程中，保证网络频率复用度不变。

某地 GSM 900MHz 现网广播控制信道（Broadcast Control Channel，BCCH）频点使用情况如图 5-15 所示，BCCH 集中使用频点 61~86，此外 10、20、30 为室分频点，整体使用比较均衡；其余不规则频点的使用主要分布在省、市边界。

某地 GSM 900MHz 现网业务信道 TCH 频点使用情况如图 5-16 所示，TCH 集中使用频点 1～60、87～94，整体使用比较均衡；其余不规则频点主要分布在省、市边界。

（2）GSM 频率复用与网络负荷、质量的关系

GSM 频点清退需保障现有 2G 用户使用感知，需保持语音质量稳定，故要高度关注 GSM 频率复用度的变动对 GSM 网络负荷与网络质量的影响。

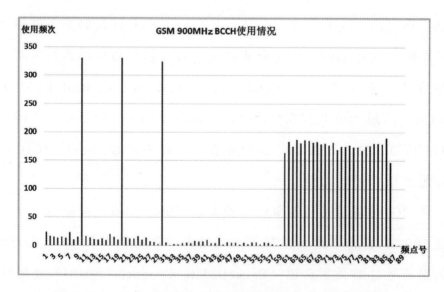

图 5-15　GSM 900MHz 某地现网 BCCH 频点使用情况

1）频率复用度与质量关系研究

利用干扰簇建立模型，通过分析干扰簇中每频点复用次数与语音质量的变化趋势关系，语音质量选取小区可采集的比特误码率 0～5 级占比（见纵坐标），当干扰簇每频点使用次数超过 1.6 时，语音质量呈现明显的发散趋势，每频点使用次数 1.6 对应现网频率复用度为 18.4，由此确定当前网络频率复用度门限值不能低于 18.4，如图 5-17 所示。

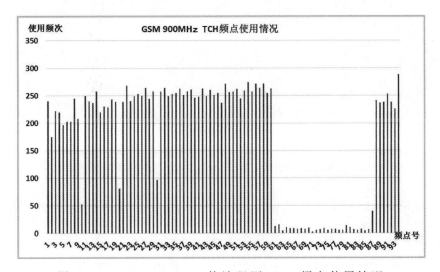

图 5-16　GSM 900MHz 某地现网 TCH 频点使用情况

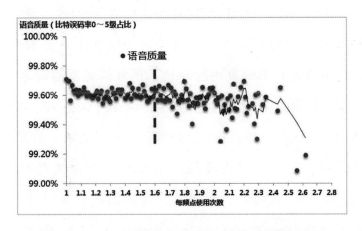

图 5-17　GSM 频率复用度与网络质量的关系

2）网络负荷与网络质量的关系研究

当 GSM 语音利用率>60%时，语音质量出现下降；对于数据业务，当 PDCH 复用度>3 时，临时数据块流（Temporary Block Flow，TBF）TBF 拥塞率出现波动，如图 5-18 所示。

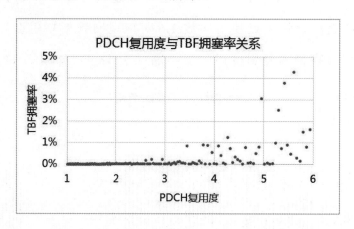

图 5-18　PDCH 复用度与 TBF 拥塞率关系

由此，GSM 降配后的频率使用方案需考虑当前承载在 2G 网络的语音、数据业务均衡，关注两个方面：

● 频率复用度：BCCH 建议采用 7×3 复用，需要 21 个频点；TCH 建议采用 4×3 复用，并建议 TCH 最大配置 5/5/4，需要（5+5+4）×4=56 个频点；建议留 4 个保留频点，故总计需要 21+56+4=81 个频点。该方案与当前复用度相同，能够满足质量需求。

● 频点规划：BCCH 使用 21～41 频点，其余 1～20、42～53、63～88 为 TCH 频点；89、90 为保留频点，供特殊场景使用。在 VIP 区域、室分等频率复用度高，以及不好规划频点的场合，建议酌情使用 EGSM 频点；普通场景（居民区、城中村、乡镇村庄、工矿企业等）单小区平均载频配置最大 3～4 载频，特殊场景（VIP

基站、学校、景区、交通车站等）平均载频配置最大 6～8 载频；高配小区载频配置控制在 1%以下。

3．2G 向 4G 的业务迁移

考虑物联网的退频、2G 设备替换对现存 2G 移动用户造成的负面影响和 VoLTE 优质体验等因素，在进行 2G 频点部分清退工作的同时，需要联动市场进行 2G 向 4G 的业务迁移。前期大话务测试表明，当前 TD-LTE 网络下 VoLTE 网络容量能够支撑全量 2G 语音业务的迁移，如图 5-19 所示。

现网背景下，在典型热点小区近中远点均匀加载 VoLTE 用户，VoLTE 并发通话用户数超过 80 时，数据业务出现感知拐点（单用户上行低于 150 kbit/s，下行低于 1.5 Mbit/s，Web 浏览、微信图片和微信语音成功率低于 80%）；VoLTE 并发通话用户数超过 100 时，语音业务出现感知拐点（小区级平均语音质量评分（Mean Opinion Score，MOS）低于 3.5）。

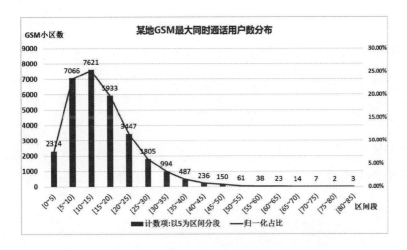

图 5-19　某地 GSM 网络最大同时通话用户数分布

现网 2G 单小区同时并发通话用户数基本集中在 10～15 区间（含 2G 和 CSFB），超过 99% 小区的最大并发通话用户在 45 人以下，如果 2G 用户全量迁移，也很难达到 80 个 VoLTE 并发通话用户导致产生数据业务感知拐点。同时，网络侧需要加速整治短板，保障网络质量，并密切关注局部高负荷热点区域，及时采取优化扩容措施。

由此，在做好基础覆盖的前提下，用新思路快速提升 VoLTE 通话驻留比，确保已转网的 VoLTE 用户在 4G 网络进行通话。在某地的 LTE 现网中，增强的单一无线语音呼叫连续性（Enhanced Single Radio Voice Call Continuity，eSRVCC）eSRVCC 边缘电平降低至-116dBm 时，在保持通话质量的同时，试点区域 eSRVCC 呼叫切换比由 4% 降低至 3%，进一步降低边缘电平至-120dBm，呼叫切换比降低至 1.7%。

4．结束语

为了快速推动 4.5G 网络以及物联网的建设，满足用户以及集团客户对低功率广域覆盖的业务需求；为了更好地发挥 2G 低频段的电磁波传播优势，在保证当前 2G 用户使用感知的基础上，可考虑进行部分 2G 频点的清退，以满足 eMTC、NB-IoT 的快速规模建设。运营商需要关注的是 2G 部分频点清退后，2G 网络的频率复用度与网络负荷、网络质量的关系，保持好 2G 网络的语音、数据业务均衡；与此同时，在做好 4G 网络基础覆盖，保证客户使用感知的基础上，应促进用户进一步由 2G 迁移到 4G 网络。

相比传统通信网络中以技术指标为导向，追求更大的频谱效率，更快的吞吐率，NB-IoT 物联网技术设计之初，更多地是以应用为导向进行系统架构设计。因此，以发展的眼光更好地了解 NB-IoT 技术，从对 NB-IoT 应用实践这样一个看似与信息技术不相干的维度来看，未尝不是一种新颖的视角。也许，通过对于当前 NB-IoT 应用实践的了解，能够对很多通信技术细节有更加深刻的认知。

第 6 章

NB-IoT 应用实践

6.1 NB-IoT 现场应用分类

6.1.1 物联网应用发展现状

随着第四次工业革命即信息化工业革命的到来，物联网的概念越发被人们重视，距离 2020 年 5G 的正式商用也进入了倒计时的阶段，届时物联网的应用将会出现一个新的纪元。截至 2017 年 4 月，在世界范围内共有包括欧洲的 VDF、德电，韩国的 SKT、KT，日本的 Softbank、DoCoMo，非洲的 MTN 在内的多家主流通信运营商已经完成对 NB-IoT 的部署与测试工作，我国也在 2017 年计划进行 NB-IoT 的部署工作。

对过去 20 年的全球物联使用次数进行统计分析，2000 年约为 10 亿次，2010 年达到了 50 亿次，从 2014 年到 2017 年，车联网使用次数增加 35%，公共安全网络使用次数增加 31%，智能医疗使用次数增加 77%，智能抄表使用次数增加 45%，到 2020 年全球物恋使用次数将超过 300 亿次，2025 年会超过 1000 亿次。

并且我国政府大力支持各运营商积极开展 NB-IoT 窄带物联网的发展，推动工信部召集三大运营商以及中兴、华为等主流设备厂家，要求加快 NB 等物联网建设，支持各运营商和设备厂家联合积极开展试验，还明确表示 NB 建网无须另行颁发牌照，各运营商可在现有频段资源上自行开展测试和商用部署。

6.1.2 NB-IoT 主要应用分类

在低速物联网领域，NB-IoT 作为一个新制式，在成本、覆盖、功耗、连接数等技术上做到极致。该技术被广泛应用于公共事业、医疗健康、智慧城市、消费者、农业环境、物流仓储、智能楼宇、制造行业等八大典型行业。

公用事业：抄表（水/气/电/热）、智能水务（管网/漏损/质检）、智能灭火器/消防栓。

医疗健康：药品溯源、远程医疗监测、血压表、血糖仪、护心甲监控。

智慧城市：智能路灯、智能停车、城市垃圾桶管理、公共安全/报警、建筑工地/城市水位监测。

消费者：可穿戴设备、自行车/助动车防盗、智能行李箱、VIP 跟踪（小孩/老人/宠物/车辆租赁）、支付/POS 机。

农业环境：精准种植（环境参数：水/温/光/药/肥）、畜牧养殖（健康/追踪）、水产养殖、食品安全追溯、城市环境监控（水污染/噪声/空气质量 PM2.5）。

物流仓储：资产/集装箱跟踪、仓储管理、车队管理/跟踪、冷链物流（状态/追踪）。

智能楼宇：门禁、智能 HVAC、烟感/火警检测、电梯故障/维保。

制造行业：生产/设备状态监控、能源设施/油气监控、化工园区监测、大型租赁设备、预测性维护（家电、机械等）。

6.1.3 NB-IoT 现有主要应用简述

1. 消费者（车联网）

通过对车联网的业务需求进行分析，可发现车联网是以高频率小包业务为主，使用者覆盖广，对时延、能耗和成本均不敏感，但是要求可靠性高，并且定位准确。基于此，NB-IoT 可以很好地切合并满足车联网的使用需要，为其提供安全防护、车辆管理、远程控制诊断等一系列服务。

（1）安全防护

如欧洲的 eCall 功能，可以在车辆出现事故时，自动拨打紧急号码，并上报准确位置信息，便于后台进行救护志愿。从 2015 年起欧洲汽车强制要求支持这一功能，且最晚到 2017 年年底或 2018 年年初完成全面部署。

（2）车队管理

设备可以周期性地上报车辆情况信息，也可以基于事件（如穿越某些地理边界）触发信息上报，也可以由车主追踪服务器命令强制其发送位车辆信息报告，包括其位置、速度等信息，完成车辆远程监控。

（3）远程控制诊断

通过软件远程诊断车辆状态并进行上报，获取车辆如实时油耗、当前位置等信息，也可以远程车辆控制包含各类应用，如车辆车锁、车辆空调、车辆车况等，完成远程智能化控制及诊断。

2. 智慧城市

智慧城市项目主要是以小包业务为主，其对设备移动性、能耗及

数据时延均不敏感，对数据可靠性要求较高，而对于定位功能，根据
应用场景不同会有不同需求。基于此，NB-IoT 网络完成如智能交通、
公共安全、环境监控、智能停车等方面的应用。

（1）智能交通

如电子监控、高清卡口、交通监控、交通数据采集、交通信号灯
控制这些场景需要实时大流量数据的支撑，并不适合 NB-IoT 的技术
特点，因而在智能交通方面的应用主要是交通诱导功能，即以电子警
示屏幕的方式，向行驶车辆发布道路车况信息，方便其选择较为合适
的路线完成行驶。

（2）公共安全

如智能垃圾桶，设备以太阳能充电为能源，实时监控垃圾箱是否
装满，适合用于景区、商圈等人口密集场所，有利于环卫作业。在如
城市路灯控制，下发路灯配置信息，上报故障告警信息等。

（3）环境监控

需要高速率的小包业务传播，且对定位信息有强烈需求，实现风
速、风向、温度、湿度、雨量、雨强、土壤温度等信息的实时监测，
为户外作业工作提供科学数据支撑。

（4）智能停车

监测车位是否有车，将车位信息上报到平台，通过引导屏和终端
对驾驶员进行引导停车。

3．工业制造

工业制造的数据需求与车联网有些相似，同样是以高频率小包业务

为主，使用者覆盖广，对时延、能耗、成本均不敏感，对可靠性要求高，但是工业制造对于准确定位的需求具有特定应用指向化。NB-IoT协助工业制造完成如建筑设备检测、智能农业、供应链监控等信息的传递。

（1）建筑设备检测

将工程设备的工作信息和位置信息通过 FOMA 向数据服务器传输，加工后进一步被发送给用户，并动态地提前向用户提供零部件更换和维护的建议，以及针对个别设备的咨询服务，工程设备包括工程车、塔吊、起重机等，全球已经同类设备近 30 万个。

（2）智能农业

常见的如对养鱼场水温、PH 值和氧气含量，大棚内的温度、湿度等信息进行实时监管，在警戒线时进行及时报警调整。

（3）供应链监控

对整个生产环节中的物资及物流情况进行跟踪，对于资产位置及物流信息实现实时监控，所有信息及时上报。

4. 智慧生活

智慧生活需要的是低频小数据包业务，绝大部分业务类型无其他要求，只有个别人性化业务涉及定位服务，例如白色家电、智能楼宇、跟踪、智能抄表等。

（1）白色家电

以家庭网关为连接口，对家庭内的智能化设备进行远程操控，如电视、洗衣机、热水器、空调等。但是目前白色家电的发展有着不小的阻力，因为在该服务下物联网网管仍旧是占主要部分，而厂商致力

于开发智能联网白电，但并不想被控制在家庭网关的入口，同时并不是所有家庭都有家庭网关。

（2）智能楼宇

通过物联网网关使用无线技术，实现楼宇内的智能设备的控制，如楼宇内的灯具、门禁、烟感水浸报警、电路通道故障检测等。

（3）跟踪

跟踪小孩、老人和宠物的位置，一般附带语音功能，定位周期可以配置。由于 NB-IoT 自身技术的限制，可以对低速的人、物进行跟踪，但是对于高速移动环境不建议使用。

（4）智能抄表

实现水、电、气表自动抄表，低频小数据包，以天为周期，每天固定时间完成自动数据采集。英国预计 2020 年完成 50×10^6 个智能电表/气表的布置，为 26×10^6 家庭提供自动抄表业务，同时荷兰政府也提出了 500 万个智能表的需求。

6.2 NB-IoT 实践案例

6.2.1 NB-IoT 成熟实践案例

1. 智能抄表的实际应用

与水表厂商合作，直接将 NB-IoT 模组集成到水表中，由运营商提供网络服务，解决水司无线网络维护难问题，同时标准的通信协议，使得水司水表备货灵活。利用扁平化的网络结构，节省了中间网络调

测改造成本，没有线路老化改造问题，减少布线工程，使得 NB-IoT 的综合改造成本相对最低。

相对 GPRS，NB-IoT 可以实现更低的功耗，更强的信号穿透力，保证一跳 NB-IoT 的实用性，建立统一的 IoT 平台，如图 6-1 所示，可以使运营商承接不同的物联网应用，同时可为水司应用屏蔽多家供应商协议的多样性，简化不同供应商的集成复杂度。

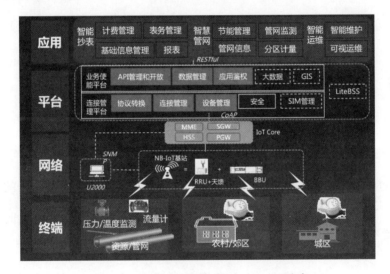

图 6-1　水务智能抄表 NB-IoT 平台

2．智能停车

杭州 G20 峰会智能停车，移动公司通过 NB-IoT 技术实现智能停车，其系统架构如图 6-2 所示。

通过车检器检测汽车对地球磁场造成的变化，检测车位上是否有车辆停放。内部集成蜂窝物联网通信模块，将车位状态实时通过运营商网络上报到停车服务器。

通过在室内密集布放 Lampsite 小基站，可获得定位能力（精度

5m，时延 2s）。其中 PRRU 密集布放（间距 20m），从 BBU 获取终端到每个 PRRU 的功率，计算出终端在室内的具体位置。

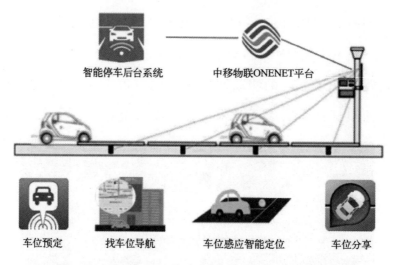

图 6-2　杭州 G20 峰会智能停车 NB-IoT 平台

通过 API 将位置能力开放给 APP 应用。接收车检器上报的车位状态信息，并实时更新车位引导屏和用户手机 APP 等数据，同时提供管理智能停车系统设备、计费、报表分析等功能。

最后给用户提供车位信息查询等基本功能，同时还可以提供停车导航、反向寻车、交通信息等增值业务，如图 6-3 所示。

图 6-3　杭州 G20 峰会智能停车系统基本功能

相比短距离无线智能停车方案，NB-IoT 具有诸多优势。

可靠性及安全性方面，私有网络采用非授权频谱，存在干扰，可靠性安全性差。NB-IoT 授权频谱，运营商网络保障（运营商级别的质量保障）。

安装方面，私有网络中继网关需要安装，现场环境复杂，寻址困难。而 NB 无须中继安装（施工无须技术人员支持，即插即用）。维护方面，私有网络短距无线方案不统一，设备不统一，网络维护复杂，中继网关维护高空作业，工作量大，且不安全。NB 网络覆盖好，由运营商维护，不存在问题（企业不再介入通信维护）。

成本方面，私有网络 10~15 个车检器就需要配备一个中继网关，中继网关若无供电，需要配备太阳能板。NB 网络整体成本（设备+安装+维护）比私有网络下降 50%（企业投资更小）。

3. 智慧物流

中移物联重庆渝新欧 NB-IoT 智慧物流项目如图 6-4 所示。该项目以起点重庆,终点德国杜伊斯堡的渝新欧铁路为智慧物流实验目标。该铁路沿途跨 6 国，全长 11179km，年开行 600 左右中欧专列，中国移动计划联合沿线国运营商，建设"一带一路"铁路覆盖网，并以 NB-IoT 智慧物流作为业务切入点，当前正在重庆渝新欧西部物流园区做 NB-IoT 应用试点。

采用 NB-IoT 网络覆盖整个物流园区和铁路沿线，智能物流终端集成 NB-IoT 通信、GPS 定位、电子锁等功能，设备安装在集装箱的门锁处，实现实时防盗和定位数据，通过物联网平台后，发送到业主

智慧物流平台。

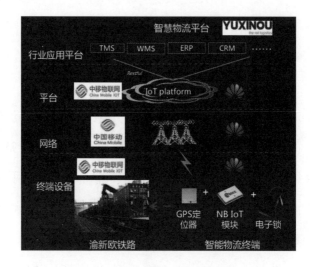

图 6-4　NB-IoT 智慧物流平台

4．智慧楼宇

集环境监控、能效管理、空间管理、设施控制于一体的智慧楼宇项目已经在湖北完成试点，在楼宇内设置 NB-IoT 智能控制设备，通过 M2M 网关对设备进行管理，下发命令，流程图如图 6-5 所示。

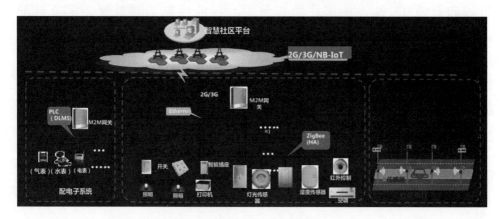

图 6-5　NB-IoT 智慧楼宇平台

通过手机 APP 完成对楼宇的简单控制及相关数据查询，如图 6-6
所示。以开会监控为例，可以通过手机直接获取会议室状态信息，包
括开会期间的人员变动信息，及时把握动向。

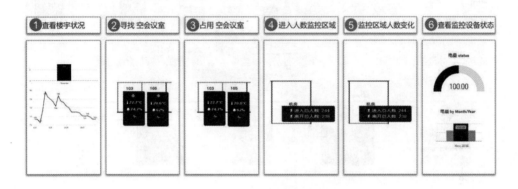

图 6-6　NB-IoT 智慧楼宇功能

5．水利监测

水检测浮标对周围水质变化值进行检测并采集水质参数，通过
NB-IoT 网络将数据传送至物联网云平台，真实系统地查看指标，全面实
时感知各地水源的水质、水位、流量等信息。做到及时预警、调度，实
现水环境管理的智能化和科学化，系统结构如图 6-7 所示。

一个浮标放置室外河道，一个浮标放置于展示场馆，智能终端内置
各类水参数采集传感器、NB-IoT 芯片和通信模块均接入水质监测运营
管理平台，实时查看监测到的水质指标，各采集点智能终端将水参数信
息通过 NB-IoT 上报云平台，云平台提供在线监测、超标预警、大数据
分析和应急联动等服务。浙江移动在乌镇景区，联合开展"智能水监测"
试点，可实现更广的水源部署采集点，信息的监测、处理和分析更加智
能，并与政府部门"五水共治"平台对接实现了应急联动。

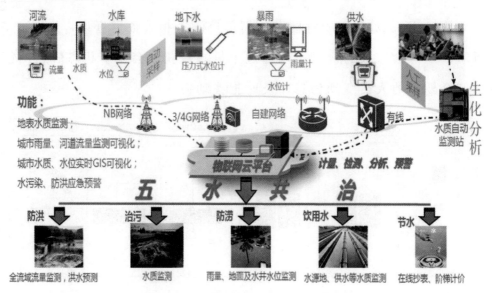

图 6-7　NB-IoT 水利监测平台

6.2.2　NB-IoT 全域覆盖规划

某市政府提出要完成 NB-IoT 的全网覆盖，满足 16.5 万台智能水表改造以及后续智慧城市物联网业务，业务为均匀分布，多为室内场景，在主城区中无重点保障区域。

1. 总体建设方案

（1）无线网

建设分两个阶段进行，一阶段覆盖区域为月湖区城区、贵溪县城区、余江县城区、信江新区、龙岗工业园及罗河工业园，总面积约 188km^2，共计新增 133 个基站，站间距约为 1km。覆盖指标要求：99% 的目标覆盖区域内 RSRP 值不低于-125dBm。二阶段完成全部 34 个乡镇镇区的覆盖，共计新增 34 个基站。

基站建设方式：全部采用与现网 GSM 站点共址独立新建方案，需新增 RRU、主控板、基带板等。频率采用现 GSM 900MHz 频带可用频段范围。

天线建设方式：原则上全部使用多端口独立调整天线替换原现网 GSM 天线，与现网 GSM 站点融合共用。该方式施工方便，运维成本较低，便于与铁塔公司对接。

（2）核心网

独立新建核心网，新增网元包括：SAEGW 设备 1 套、MME 设备 1 套、CG 设备 1 套、HSS 设备 1 套、路由器 1 套，隔离防火墙 1 套、网管 1 套。业务管理平台按照集团要求统一接入物联网基地。

（3）配套建设

核心机房及站点涉及的自有机房、天面，如配套无法满足新增设备需求，将单独立项建设。

2. 网络容量及频率规划

网络容量按每小区单载频配置，理论上 NB-IoT 小区可支持 5 万用户。使用下行 935.4~935.6MHz，如图 6-8 所示，上行 890.4~890.6MHz 部署，向上及向下各使用 300kHz 作为保护带。

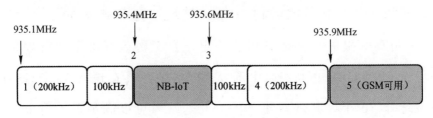

图 6-8　NB-IoT 频点规划方案

3. 核心网建设方案

核心网采用单节点、独立新建方式。NB-IoT无线、核心网网元均接入新建的网管系统，为方便省中心维护管理，新建的网管系统通过隔离防火墙接入网管DCN。

4. 传输建设方案

（1）核心网与应用平台的对接

业务平台传输建设方案为：路由器经防火墙接入 CMNET，由CMNET 网络直接连至第三方应用平台。连接管理平台：NB-IoT 核心网设备（MME、SAEGW 和 HSS）通过 IP 承载网接入物联网基地连接管理平台，实现卡数据管理、连接信息查询等功能。

（2）基站与核心网连接

NB-IoT 基站接入中传输 PTN，再经省干 PTN，通过 GE 光口连接至核心网 MME、SAEGW 设备。

5. 仿真评估

对站点规划进行仿真评估，在现有 101 个 GSM 宏站中选择 54 个，共址新建 NB-IoT 基站后可以满足覆盖需求，如图 6-9 所示，仿真参数和标准参考为：RSRP≥-125dBm，区域覆盖率要求 99%。

对于仿真结果进行评估分析后决定，参考覆盖标准手动规划，贵溪市在现有 53 个 GSM 900 宏站中选择 20 个，余江县在现有 35 个 GSM 900 宏站中选择 16 个，共址新建 NB-IoT 基站后可以满足覆盖需求。站间距约为 1km。同时为保证深度覆盖要求，按照场景的差异再增加一堵

室内墙体损耗 10dB，NB 小区总功率配置 10W，下行导频功率 29.2dBm，智能水表上行速率要求>250bit/s，参照 UL 300bit/s 边缘速率。

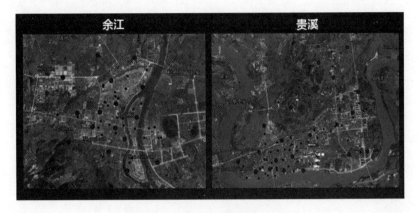

图 6-9　传真规划地理图示

缩 略 语

AP Access Point 无线接入点

AS Access Stratum 接入层

AS Application Server 应用服务器

BCCH BCCH，Broadcast Control Channel 广播控制信道

BOSS Business and Operation Support System 业务支撑系统

CCCH CCCH，Common Control Channel 公共控制信道

CIoT cellular Internet of Thing 蜂窝物联网

CP Cyclic Prefix 循环前缀

CRS Common Reference Signal 公共参考信号

DMRS Demodulation reference signal 上行解调参考信号

DRX Discontinuous reception 不连续接收

ECCE Enhanced Control Channel Element 增强控制信道资源

EC-GSM Extended Coverage-GSM 扩展覆盖 GSM 技术

e-DRX Extended Discontinues Reception 扩展的非连续接收

EPC Evolved Packet Core 分组核心网

EPLMN Equivalent Public Land Mobile Network 等级别的 PLMN

EREG Enhanced Resource Element Group 增强资源元素组

eSRVCC Enhanced Single Radio Voice Call Continuity 单一无线语音呼叫连续性

FDD Frequency Division Duplex 频分双工

FDMA Frequency Division Multiple Access 频分多址

FSK Frequency-shift keying 频移键控

H-SFN Hyper-SFN 超帧

HSS Home Subscriber Server 归属用户服务器

IoT　Internet of Thing　物联网

LPWA　Low Power Wide Area　低功耗广域覆盖技术

MCL　Maximum Coupling Loss　最大耦合损耗

MME　Mobility Management Entity　移动性管理设备

NB-IoT　Narrowband Internet of Things　窄带物联网

NCCE　Narrowband Control Channel Element　窄带控制信道　资源

NPSS　Narrowband Primary Synchronization Signal　窄带主同步信号

NRS　Narrowband Reference Signal　窄带参考信号

NSSS　Narrowband Secondary Synchronization Signal　窄带辅同步信号

OTDOA　Observed Time Difference of Arrival　到达时间差定　位法

PA　Power Amplifier　功率放大器

PF　Paging Frame　寻呼帧

PLMN　Public Land Mobile Network　陆地公众移动网络

PO　Paging Occasion　寻呼时刻

PRB　Physical Resource Block　物理资源块

P-RNTI　Paging Radio Network Temporary Identity　寻呼无线网络临时标识

PSD　Power Spectral Density　功率频谱密度

PSM　Power Saving Mode　节电模式

QPSK　Quadrature Phase Shift Keying　四相相移键控

RU　Resource Unit　资源单位

SCEF　Service Capability Exposure Function　业务能力开放单元

SDCCH　Stand-Alone Dedicated Control Channel　独立专用控制信道

S-GW　Serving Gateway　服务网关

SI   System Information   系统消息

SRS   Sounding Reference Signal   探测参考信号

TBF   TBF Temporary Block Flow   临时数据块流

TCH   Traffic Channel   业务信道

TDD   Time Division Duplex   时分双工

2T2R   2 Transmit 2 Receive   2 发射 2 接收

2T4R   2 Transmit 4 Receive   2 发射 4 接收

4T4R   4 Transmit 4 Receive   4 发射 4 接收

AGNSS   Assisted Global Navigation Satellite Systems   辅助的全球导航卫星系统

BBU   BaseBand Unit   基带处理单元

BCCH   Broadcast Control Channel   广播控制信道

E-CID   E-UTRAN Cell Identifier   E-UTRAN 小区标识

EMM   EPS Mobility Management   EPS 移动性管理

eMTC   Enhanced Machine-Type Communications   增强型物联网通信

FE   fast Ethernet   快速以太网

GE   Gigabit Ethernet   千兆以太网

HLR   Home Location Register   归属位置寄存器

IMEI   International Mobile Equipment Identity   国际移动台设备标识

LoRa   Long Range   长距

LTE-M   LTE Machine-to-Machine   LTE 物联网

M2M   Machine to Machine   物联网

MOS   Mean Opinion Score   语音质量评分

MPDCCH   MTC Physical Downlink Control Channel   MTC 物理下行控制信道

NPBCH　Narrowband Physical Broadcast Channel　窄带物理广播信道

NPDCCH　Narrowband Physical Downlink Control Channel　窄带物理下行控制信道

NPDSCH　Narrowband Physical Downlink Shared Channel　窄带物理下行共享信道

NPRACH　Narrowband Physical Random Access Channel　窄带物理随机接入信道

NPUSCH　Narrowband Physical Uplink Shared Channel　窄带物理上行共享信道

PCRF　Policy Control and Charging Rules Function　策略控制和计费规则功能单元

PDCH　Physical Data Channel　专用物理数据信道

P-GW　PDN GW　PDN 网关

PTN　Packet Transport Network　分组传送网

RRU　Remote Radio Unit　远端射频单元

SDCCH　Stand-alone Dedicated Control Channel　独立专用控制信道

Single RAN　Single Radio Access Network　整体式无线接入网

TCH　Traffic Channel　业务信道

UNB　Ultra Narrow Band　Ultra 窄带

参 考 文 献

[1] 沈嘉，索世强，全海洋，等. 3GPP 长期演进（LTE）技术原理与系统设计[M]. 北京:人民邮电出版社，2008.

[2] 张新程. LTE 空中接口技术与性能[M]. 北京:人民邮电出版社，2009.

[3] 曾召华. LTE 基础原理与关键技术[M]. 西安:西安电子科技大学出版社，2010.

[4] 唐海. LTE-Advanced 标准技术发展[M]. 通信技术与标准.2011.

[5] 吴志忠. 移动通信无线电波传播[M]. 北京:人民邮电出版社，2002.

[6] 胡宏林，徐景. 3GPP LTE 无线链路关键技术[M]. 北京:电子工业出版社，2008.

[7] 王映民，孙韶辉，等. TD-LTE 技术原理与系统设计[M]；北京：人民邮电出版社，2010.

[8] 王文博，郑侃. 宽带无线通信 OFDM 技术[M]. 2 版；北京：人民邮电出版社.2007.

[9] 武岳，鲜永菊. LTE 系统中的混合自动重传请求技术研究[J]. 数字通信，2010, 37(4):66-69.

[10] 陶根林，陈发堂. LTE 系统中自适应调制编码技术的研究[J]. 现代电信科技，2010(9):41-44.

[11] 孙天伟. 3GPP LTE/SAE 网络体系结构和标准[J]. 广东通信技术，2007, 27(2):33-39.

[12] 文志成，元新峰. FDD LTE 无线性能与影响因素分析[J]. 信息通信技术，2013(2):70-74.

[13] 杨军，毕丹宏，董健，等. TD—LTE 优化组网策略分析[J]. 通信与信息技术，2012(3):55-57.

[14] 苏光. TD-LTE 制式 4G 移动通信网络应用研究[J]. 信息通信，2013(7):221-222.

[15] 区林波. TD-LTE 无线网络规划及性能分析[J]. 中国新通信，2014(2):11-11.

[16] 韩华. 我国 3G 及其演进技术 TD-LTE 的迅速发展[J]. 电子技术，2011, 38(12):75-77.

[17] 李高广，陈会永. 移动搜索推动互联网与移动通信产业的融合[J]. 移动通信，2008, 32(15): 16-19.

[18] 魏巍，郭宝，张阳. TD-LTE 系统干扰测试定位及优化分析[J]. 移动通信，2013(19):15-19.

[19] 郭宝. GSM/TD-SCDMA/TD-LTE/WLAN 网络协同优化[J]. 移动通信，2012, 36(7):24-27.

[20] 熊宙实，王群勇，岑曙炜，等. TD-LTED 频段和 F 频段对比测试分析[J]. 电信技术，2012, 1(7):30-33.

[21] 潘淑敏，陶磊. 排除 F 频段组网障碍提升 LTE 整体性能[J]. 通信世界，2013(11):35-35.

[22] 朱士栋，张建奎，郭宝. TD-LTE 网络随机接入前导码规划分析[J]. 电信工程技术与标准化，2014(1):26-29.

[23] 郭宝. 四网协同背景下的 TDS/TDL 建设分析[J]. 移动通信，2012, 36(21):72-76.

[24] 武峰，郭宝. 邻区自配置优化简化 TD-LTE 网络运营[J]. 通信世界，2013(30):32-32.

[25] 钱蔓藜，李永会，黄伊，等. LTE 系统自适应软频率复用技术研究[J]. 计算机研究与发展，2013, 50(5):912-920.

[26] 徐晓，戎璐，王平，等. 基于业务自适应的 LTE 切换优化机制[J]. 计算机应用研究，2009,26(11):4240-4243.

[27] 董伟杰，王超. TD-LTE 发展中的关键问题[J]. 通信技术，2010,43(5):168-169.

[28] 魏珍珍，徐晓，张健，等. LTE 中基于移动特性的切换优化[J]. 通信技术，2010, 43(11):134-138.

[29] 许宁，李明菊，张平. 一种 3GPP LTE 系统快速上行切换方案[J]. 科学技术与工程，2007,7(116):4163-4166.

[30] 张力，贺志强，牛凯. 单小区 MBMS 的吞吐量优化与频域调度[J]. 北京邮电大学学报，2010,33(1):115-119.

[31] 张天魁，蒋傲雪，冯春燕. LTE 中适用于 MBSFN 的自适应资源分配机制[J]. 西安电子科技大学学报：自然科学版，2012,39(5):126-131.

[32] 张高山，刘海洋，李楠，等. LTE 中 eMBMS 技术探讨[J]. 电信工程技术与标准化，2011, 24(1):85-88.

[33] 郎为民，李建军，胡东华，等. LTE 中的 SC-FDMA 技术研究[J]. 电信工程技术与标准化，2010,23(8):79-81.

[34] 卢宪祺，周文安，何炜文，等. LTE-A 系统 CoMP 技术对随机接入过程的影响[J]. 电信工程技术与标准化，2011,24(3):64-68.

[35] 刘思杨. LTE-Advanced 系统中的协作多点传输技术[J]. 电信网技术，2009(09):5-9.

[36] 王竞，刘光毅. LTE-Advanced 系统中的 Relay 技术研究和标准化[J]. 电信科学，2010, 26(12):138-143.

[37] 沈嘉. 3GPP LTE 核心技术及标准化进展[J]. 移动通信，2006,30(4):45-49.

[38] 隗合建，张欣，曹亘，等. LTE-A 增强型小区间干扰协调技术标准化研究[J]. 现代电信科技，2011,41(8):38-44.

[39] 何红，张树才. LTE 与 2G/3G 网络的互操作分析[J]. 移动通信，2013(12):10-14.

[40] 章海峰，李俊平. LTE 与 2G/3G 网络融合部署策略探究[J]. 邮电设计技术，2012(2):6-9.

[41] 陈崴嵬，耿玉波. HSPA+与 LTE 关键技术对标分析[J]. 邮电设计技术，2011(5):1-4.

[42] 王立荣，胡恒杰. LTE 系统空中接口开销分析[J]. 自动化技术与应用，2011,30(1):32-36.

[43] 张建国. TD-LTE 系统覆盖距离分析[J]. 移动通信，2011,35(10):26-29.

[44] 肖清华，朱东照. TD-LTE 室内分布设计改造分析[J]. 移动通信，2011,35(10):21-25.

[45] 肖清华，朱东照. 共建共享模式下 TD-LTE 与其他系统的干扰协调[J]. 移动通信，2011, 35(6):23-27.

[46] 强成慊. TD-LTE 室内分布系统四网协同组网研究[J]. 电信工程技术与标准化，2012, 25(8):46-50.

[47] 肖寒春，宋海龙. TD-LTE 室内分布系统建设研究[J]. 数字技术与应用，2013(10):106-106.

[48] 付威，谭展. TD-LTE 室内覆盖建设解决方案研究[J]. 移动通信. 2012,36(16):17-22.

[49] 梁晋仲. TD-LTE 室内多天线模式探讨[J]. 电信技术，2010,(12):32-35.

[50] 邵华，李新，何文林.GSM 频率重耕至 LTE 建设关键问题研究[J]. 移动通信，2016，(4):19-24,30.

[51] 陈旭.GSM 网络面向未来演进探讨[J]. 无线互联科技，2015,(11):22-23,32.

[52] 梁童，陈伟辉，张冬晨. 频率重用技术干扰问题研究[J]. 电信工程技术与标准化，2013(5):83-88.

[53] 胡剑飞，苗滢. 中国移动 GSM 网络退频及重耕策略研究[J]. 电子世界，2016(22): 189-190.

[54] 李惠君. 基于 GSM-Hi 技术的农村无线宽带建设方案[J]. 电信工程技术与标准化，2015 (07): 68-72.

[55] 闫伟才，胡剑飞.LTE 引入 800M 组网分析[J]. 电子世界，2016(23):180.

[56] 张冬晨，王首峰.2G 频率重耕关键问题研究[J]. 电信工程技术与标准化，2015(6):12-18.

[57] 卢斌.NB-IoT 物理控制信道 NB-PDCCH 及资源调度机制[J]. 移动通信，2016(23):17-20.

[58] 程日涛，邓安达，孟繁丽.NB-IoT 规划目标及规划思路初探[J]. 电信科学，2016(S1):137-143.

[59] 刘玮，董江波，刘娜.NB-IoT 关键技术与规划仿真方法[J]. 电信科学，2016(S1): 144-148.

[60] 张建国. 中国移动 NB-IoT 部署策略研究[J]. 移动通信，2017(1):25-30.

[61] 周峰，许正锋，罗俊.VoLTE 业务与技术实现方案的研究与分析[J]. 电信科学，2013(2):31-35.